谦德少年文库

QIANDE JUVENILE LIBRARY

给孩子的数学启蒙书

你好，数学

中国代数故事

许莼舫 著

团结出版社

图书在版编目(CIP)数据

中国代数故事 / 许莼舫著. –– 北京 : 团结出版社, 2022.1

(你好, 数学 : 给孩子的数学启蒙书)

ISBN 978–7–5126–9253–4

Ⅰ. ①中… Ⅱ. ①许… Ⅲ. ①代数—数学史—中国—古代—少儿读物 Ⅳ. ①O15–092

中国版本图书馆CIP数据核字(2021)第221298号

出版: 团结出版社

(北京市东城区东皇城根南街84号 邮编: 100006)

电话: (010) 65228880　65244790 (传真)

网址: www.tjpress.com

Email: zb65244790@vip.163.com

经销: 全国新华书店

印刷: 北京天宇万达印刷有限公司

开本: 145×210　1/32

印张: 42.5

字数: 758千字

版次: 2022年1月 第1版

印次: 2022年1月 第1次印刷

书号: 978–7–5126–9253–4

定价: 178.00元 (全6册)

目 录 *contents*

代数的原始形态

　　我国在商代的早期奴隶社会里，农业、畜牧和冶炼等生产，在奴隶辛勤劳动的基础上都比夏代有了发展。那时候，人们在农业生产中长期观察天象，由此制订历法，掌握了寒暖季节，能够及时进行耕作，使农业生产继续推进。由于天文历法的研究必须通过相当繁复的数字计算，于是数学也随之发展起来。当时的奴隶被贵族强迫着劳动，生产的东西自己不能享用，过着牛马一般的生活，连生命也没有保障，因而常常起来反抗。在商末和西周时，即奴隶社会后期，奴隶主对奴隶的剥削和虐待越来越残酷，使阶级斗争变得很激烈，更多的奴隶不断地起来反抗，他们毁坏生产工具，并大批逃亡。因此，到后来生产逐渐萎缩，这种奴隶社会的生产关系已经成为生产力发展的障碍。到了春秋、战国时期，奴隶社会渐渐瓦解，转变为地主以地租形式剥削农民的封建社会的生产关系，这样一来，农民生产的东西除了一部分被地主剥削去以外，还可以留一些自己享用，因而，他们的劳动兴趣一般要比奴隶高。由于生产关系的改变，社会生产力就显著提高起来。随着生产力的提高，出现了胜过原有青铜器的铁制工具，发明了用牛拉犁耕地，工业上又有了专门工匠，商业上已由物物交换变成用金钱做交易的媒介。这些经济上的变化也推动了各种学术向前发展。就数学方面来说，有关田地面积、仓库容量、工程土方、商品交易、粮食分配等的计算方法，一定都产生于这时候或更早的时期。虽然没有一本秦代以前的数学书流传下来，但在东汉初年（公元一世纪后期）编写完成的《九章算术》中的大部分内容，无疑都是总结了秦以前的人民在生产实践中的经验而产生的。《九章算术》中除了上述的全用已知数列式计算的方法以外，还有把未知数也列入算式中的"方程"算法，这已经超出了算术的范围，成为代数的原始形态了。方程算法和现今代数里解多元一次方程组类似，它虽然可能起源于汉代，但在世界数学史上还是最先进的。

　　因为在方程的算法里必须用到负数，所以《九章算术》里已经讲到正负数的计算方法。在西洋数学史里面谈到负数，一般都说导源于印度，其实印度在七世纪时才提出正负数的计算法则，很可能是从中国传过去的。至于在欧洲，十五世纪的数学家还不认识负数，直到十六世纪中叶，对正负数的意义也还没有完全领会。

　　中国古代算术书谈到方程的，除《九章算术》外，较早的还有《孙子算经》（约四世纪末）和《张丘建算经》（约五世纪）。各书所用消去未知数的方法，都是所谓"直除法"，仅有刘徽在《九章算术》方程章第七题下面的注解（263年）里，补充了一个不同的解法，这个解法和现今代数里经过互乘的"加减消元法"完全一样[1]，这里先把正负数的计算做一简略记述后，再分别举例介绍方程的两种解法。

---

1. 从现传的"微波榭"刊本《孙子算经》里，我们看到卷下的第28题是一个方程问题，它的解法和刘徽在《九章算术》方程章第七题下面所注的一样，是互乘而不是直除。但是，根据南宋刻本《孙子算经》（孤本现存上海图书馆），知道《孙子算经》原本也用直除，而现传本是经过清代戴震校订的，他在卷下第28题的解法中加了二十三个字，于是就把原来的直除相消改作互乘相消了。

正负数的计算，最早见于《九章算术》的方程章第三题中。这里面只举出正负数的加减而没有提到乘除。《九章算术》所载的"正负术"，只有三十七个字，不大容易看得懂。现在先把它照抄下来，再逐句加以解释。

同名相除，异名相益，正无入负之，负无入正之。其异名相除，同名相益，正无入正之，负无入负之。

细考术文的意义，前面一半显然是正负数的减法，"同名相除"就是"求同号二数的差，应该把绝对值相减"，所得结果的号遇顺减时仍取原号，逆减时就反号，这在原文里没有明白指出，"异名相益"就是"求异号二数的差，应该把绝对值相加"，所得结果的号和被减数相同，这在刘徽注里有说明，"正无入负之"就是"被减数是0，减数是正，那么差是负"，"负无入正之"就是"被减数是0，减数是负，那么差是正"。

术文的后半段是正负数的加法，"异名相除"的意义是"求异号二数的和，把绝对值相减"，用绝对值大者的号。"同名相益"是"求同号二数的和，把绝对值相加"，仍用原号，"正无入正之，负无入负之"是"被加数为0，加数为正时和也是正，加数为负时和也是负"。

从上面的解释来看，古时正负数的计算，和现今代数里的方法没有什么两样。

东汉末年，刘洪在《乾象历》（178年）的计算中也应用了正负数。刘洪虽较刘徽略早，但是已在《九章算术》成书之后，他的算法可能是以《九章算术》为根据的，刘洪所用的正负数计算法则是：

强正弱负，强弱相并，同名相从，异名相消；其相减也，同名相消，异名相从，无对互之。

这里所谓的"强"，应该是指"多一些"的数，就是正数，"弱"是指"欠一些"的数，就是负数。又"相从"就是相加，"相消"就是相减，"无对互之"就是"正无入负之，负无入正之"，可见刘洪的法则只是先提加法，后提减法，其余和《九章算术》一样。

在元代朱世杰的《算学启蒙》（1299年）开首的"总括"中，载"明正负术"八句，和《九章算术》的术文相仿，只是把"益"字改成"加"字，"除"字改成"减"字，更容易明白一些。《算学启蒙》总括的"明乘除段"中，又有"同名相乘为正，异名相乘为负"二句，这是古书中正负数乘算法则的最早记录，关于正负数除法，朱世杰书中仍然没有把法则明白写出，但是在计算中会应用到。例如，在该书最后一门"开方释锁"的第十二题中有 $(+3) \div (+4) = +0.75$；第十六题中有 $(-8) \div (+8) = -1$，由于正负数的计算是因解方程上的需要而产生的，而解方程时很少用到除法（遇到以某数除方程的一边时，常换作以这数乘方程的另一边，这和现今的去分母法类似），并且除法原是乘法的还原，计算的法则和乘法一样，古书里没有把这个法则明白记载，大概就是这个缘故。

在中国古代的方程算法中，所列的方程不像现今代数里那样用字母代替未知数，而是记出每一未知项的系数于一定地位，和代数里的"分离系数法"一样。解方程所用的直除法，是从一个方程累减（或累加）另一个方程，用来消去一部分未知数，和现今的加减消元法略有不同，下面举两个例题，把古代的筹算式和代数的新记法并举，读者对照一下就可以明了。

【例一】今有上禾（稻棵）3秉（一秉即一束），中禾2秉，下禾1秉，共有实（禾的果实，即稻谷）39斗，上禾2秉，中禾3秉，下禾1秉，共有实34斗。上禾1秉，中禾2秉，下禾3秉，共有实26斗。问上、中、下禾各一秉有实多少？答：上禾1秉有实$9\frac{1}{4}$斗，中禾1秉有实$4\frac{1}{4}$斗，下禾1秉有实$2\frac{3}{4}$斗（题见《九章算术》）。

列上禾3秉，中禾2秉，下禾1秉，实39斗于左行，同法列得中行和右行，如（A）式（古法自右向左依次列三式，现在为便利起见，把它对调一下）。

（A）

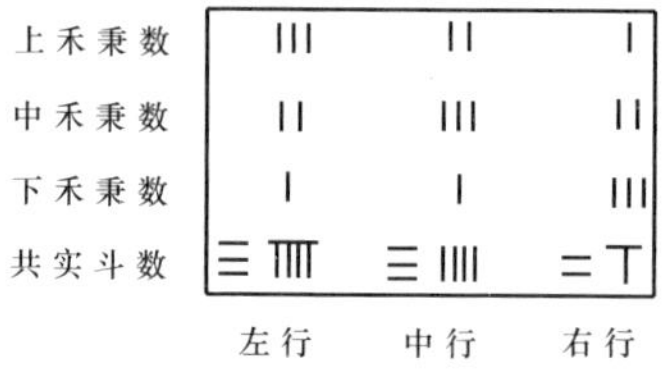
上禾秉数
中禾秉数
下禾秉数
共实斗数
左行
中行
右行

以左行上禾通乘中行，如（B）式。

（B）

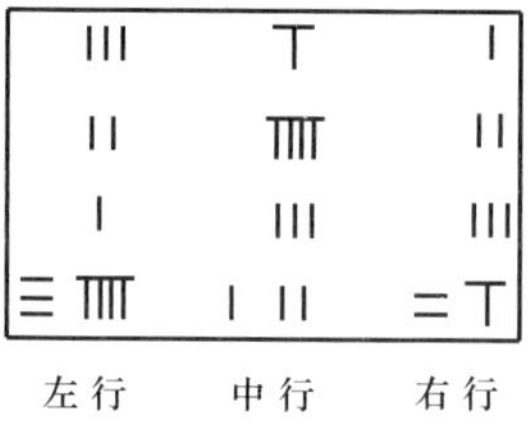
左行
中行
右行

用直除法从中行累减左

设上禾1秉的实是x斗，中禾1秉的实是y斗，下禾1秉的实是z斗，那么依题意可列三元一次方程组如下：

（A）

$3x+2y+z=39$……………（A_1）

$2x+3y+z=34$……………（A_2）

$x+2y+3z=26$……………（A_3）

以（A_1）式首项的系数3乘（A_2）式得

（B）

$3x+2y+z=39$……………（B_1）

$6x+9y+3z=102$…………（B_2）

$x+2y+3z=26$……………（B_3）

行, 经二次而头位减尽, 如
(C)式。

(C)

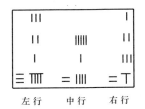

左行　中行　右行

仿上法以左行上禾遍
乘右行, 如(D)式。

(D)

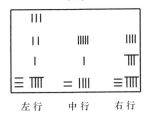

左行　中行　右行

从右行减左行一次, 头
位已尽, 如(E)式。

(E)

左行　中行　右行

从(B_2)式减(B_1)式
二次, 得

(C)

$3x+2y+z=39$ ·············(C_1)
$5y+z=24$·················(C_2)
$x+2y+3z=26$ ···········(C_3)

又以(C_1)式首项的系
数3乘(C_3)式, 得

(D)

$3x+2y+z=39$·············(D_1)
$5y+z=24$·················(D_2)
$3x+6y+9z=78$ ··········(D_3)

从(D_3)式减去(D_1)
式, 得

(E)

$3x+2y+z=39$ ·············(E_1)
$5y+z=24$·················(E_2)
$4y+8z=39$ ···············(E_3)

再以中行中禾遍乘右行，如(F)式。

(F)

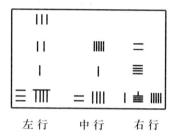

左行　　中行　　右行

从右行累减中行，经四次而第二位也尽，再把右行约简，如(G)式。

(G)

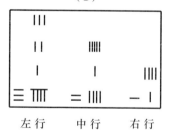

左行　　中行　　右行

以右行下禾遍乘中行，如(H)式。

再以(E_2)式首项的系数5乘(E_3)式，得

(F)

$3x+2y+z=39\cdots\cdots\cdots\cdots(F_1)$
$5y+z=24\cdots\cdots\cdots\cdots\cdots(F_2)$
$20y+40z=195\cdots\cdots\cdots(F_3)$

从(F_3)式减(F_2)式四次，再以9除所余的式，得

(G)

$3x+2y+z=39\cdots\cdots\cdots\cdots(G_1)$
$5y+z=24\cdots\cdots\cdots\cdots\cdots(G_2)$
$4z=11\cdots\cdots\cdots\cdots\cdots\cdots(G_3)$

以(G_3)式首项的系数4乘(G_2)式，得

(H)

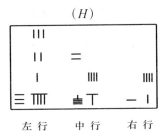

左 行　　中 行　　右 行

从中行减右行一次, 第
三位已尽, 以 (G) 式中行中
禾来除它, 如 (I) 式。

(I)

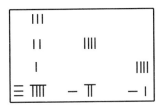

左 行　　中 行　　右 行

以右行下禾遍乘左行,
如 (J) 式。

(J)

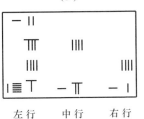

左 行　　中 行　　右 行

(H)

$3x+2y+z=39$·············(H_1)

$20y+4z=96$············(H_2)

$4z=11$··················(H_3)

从 (H_2) 式减 (H_3) 式,
再以 (G_2) 式首项的系数 5
除, 得

(I)

$3x+2y+z=39$·············(I_1)

$4y=17$··················(I_2)

$4z=11$··················(I_3)

以 (I_3) 式首项的系数 4
乘 (I_1) 式, 得

(J)

$12x+8y+4z=156$··········(J_1)

$4y=17$··················(J_2)

$4z=11$··················(J_3)

从左行减右行一次, 又累减中行二次, 第二、三两位都尽, 以 (I) 式左行上禾除之, 如 (K) 式。

(K)

左行　　中行　　右行

三行各以上数为除数, 下数做被除数, 除得商数就是上、中、下禾各一秉的斗数。

从 (J_1) 式减 (J_2) 式二次, 再减 (J_3) 式, 再以 (I_1) 式首项的系数3除, 得

(K)

$$4x=37\cdots\cdots\cdots\cdots(K_1)$$
$$4y=17\cdots\cdots\cdots\cdots(K_2)$$
$$4z=11\cdots\cdots\cdots\cdots(K_3)$$

$$\therefore \begin{cases} x = 9\frac{1}{4}. \\ y = 4\frac{1}{4}. \\ z = 2\frac{3}{4}. \end{cases}$$

从上举的解法, 可见古时的方程算法很是别致, 虽较新法略繁, 但步骤非常整齐, 在使用筹算时可说是很便利的。

【例二】今有上禾6秉的实, 去掉1斗8升, 等于下禾10秉的实。下禾15秉的实, 去掉5升, 等于上禾5秉的实。问上、下禾各1秉有实多少? 答: 上禾1秉有实8升, 下禾1秉有实3升 (题见《九章算术》)。

列上禾6秉正，下禾10秉负，实18升正于左行；又列上禾5秉负，下禾15秉正，实5升正于右行，如（A）式（负数的筹式，《九章算术》用颜色分别，现在为便利计，仿宋代的方法在末位加一斜划）。

（A）

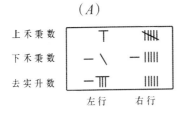

上禾秉数		
下禾秉数		
去实升数		
	左行	右行

以左行上禾遍乘右行，如（B）式

（B）

	左行	右行

设上禾1秉的实是x升，下禾1秉的实是y升，那么依题意可得二元一次方程组如下：

$$6x-18=10y$$
$$15y-5=5x$$

移项，整理，得

（A）

$$6x-10y=18\cdots\cdots\cdots（A_1）$$
$$-5x+15y=5\cdots\cdots\cdots（A_2）$$

以（A_1）式首项的系数6乘（A_2）式，得

（B）

$$6x-10y=18\cdots\cdots\cdots（B_1）$$
$$-30x+90y=30\cdots\cdots（B_2）$$

从右行累加左行, 经五次而头位尽, 如 (C) 式

(C)

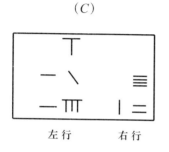

左行　　　右行

右行上数做除数, 下数做被除数, 除得商数是下禾1秉的实, 如 (D) 式

(D)

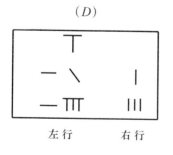

左行　　　右行

又以所得数乘左行下禾, 从左行末位减, 再以头位除, 得上禾1秉的实, 如

(B₂) 式加上 (B₁) 式五次, 得

(C)

$6x-10y=18$·············(C₁)

$40y=120$···············(C₂)

去掉 (C₂) 式左边的系数, 得

(D)

$6x-10y=18$············(D₁)

$y=3$···················(D₂)

以 (D₂) 式右边的3乘 (D₁) 式的第二项系数, 从右边18减, 再以第一项系数6除, 得

（E）式

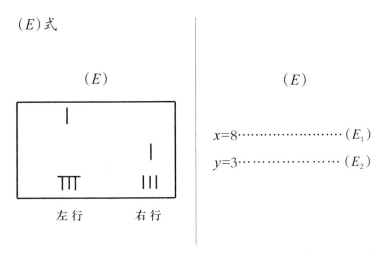

（E）

$x=8$·····················（E_1）

$y=3$·····················（E_2）

左 行　　　右 行

　　在上举的解法中, 有（−30）+（+6）=−24,（+）90+（−10）=+80,（+18）−（−30）=+48······的正负数加减法, 又有（−5）×（+6）=−30的乘法。

四

刘徽在《九章算术》方程章第七题的注里所举的方程解法，和现今代数里的加减消元法完全一样，现在用古法筹算把这个解法举示于下。

【例】　今有牛5头和羊2头，共值银10两；牛2头和羊5头，共值银8两，问牛、羊每头各值银多少？答：牛每头值银 $1\frac{13}{21}$ 两，羊每头值银 $\frac{20}{21}$ 两。

　　列牛5、羊2、银10于左行，又列牛2、羊5、银8于右行，如(A)式

(A)

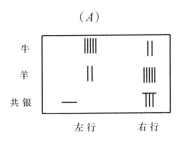

设牛每头值银 x 两，羊每头值银 y 两，那么依题意可得二元一次方程组如下：

(A)

$$5x+2y=10\cdots\cdots\cdots(A_1)$$

$$2x+5y=8\cdots\cdots\cdots(A_2)$$

以左行头位5乘右行，上得牛10，中得羊25，下得共银40；以右行头位2乘左行，上得牛10，中得羊4，下得共银20，如（B）式

（B）

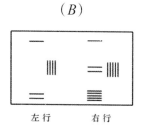

左行　　右行

从右行减去左行，右上空，如（C）式

（C）

左行　　右行

右行中数做除数，下数

以（A_1）、（A_2）两式的首项系数交换乘两式，得

（B）

$$10x+4y=20\cdots\cdots（B_1）$$
$$10x+25y=40\cdots\cdots（B_2）$$

从（B_2）式减去（B_1）式，得

（C）

$$10x+4y=20\cdots\cdots（C_1）$$
$$21y=20\cdots\cdots（C_2）$$

去掉（C_2）式左边的系数，又以2去除（C_1）式，得

做被除数,除得商数$\dfrac{20}{21}$是羊每头值银数,又把左行还原,如(D)式

(D)

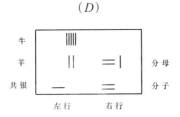

牛								
羊				=		分母
共银	—	=	分子
	左行	右行	

以左行中数2乘右行所得数$\dfrac{20}{21}$,得$1\dfrac{19}{21}$,从左下10减得$8\dfrac{2}{21}$做被除数,左上5做除数,除得商数$1\dfrac{13}{21}$是牛每头值银数。

(D)

$$5x+2y=10\cdots\cdots\cdots(D_1)$$

$$y=\frac{20}{21}\cdots\cdots\cdots\cdots(D_2)$$

从$(D1)$式减去$(D2)$式的2倍,再以5除,得

$$x=1\frac{13}{21}.$$

百鸡题和中国剩余定理

在生产和日常生活中，有时会遇到两种东西混合的数学问题。如果已知两种东西的总量和总价，又知每一种东西的单价，就可以求出它们各有多少数量。像《九章算术》的"善田恶田"、《孙子算经》的"鸡兔同笼"和《张丘建算经》的"清酒醑酒"等都是，这些题目，每题都只有一组答案。《张丘建算经》又把上述问题推广，创立了三种东西混合的"百鸡"题，书中列举了三组答案。另外，在《孙子算经》里有一个"物不知数"的题目，原书虽然只举一个答数，其实这仅是一个最小的正整数解，百鸡和物不知数两个问题，答数都是无限，而都要求正整数的解答。因此，在本篇里把它们放到一起来讨论。

《张丘建算经》的百鸡问题和它的三组答案是：

今有鸡翁一值钱五，鸡母一值钱三，鸡雏三值钱一，凡百钱买鸡百只，问鸡翁、母、雏各几何？答：鸡翁四，母十八，雏七十八。又答：鸡翁八，母十一，雏八十一。又答：鸡翁十二，母四，雏八十四。

原书所举的解法，仅有"鸡翁每增四，鸡母每减七，鸡雏每益三，即得"共十七个字。这一段话告诉我们这三种答数间的关系是：鸡翁顺次增加四（就是由第一答中的四增加到第二答中的八，再由此增加到第三答中的十二），鸡母顺次减少七，鸡雏顺次增加三。但第一种答案怎样求的，原书却没有交代。

在现传《张丘建算经》里有一条注，其中举出谢察微的一个解法，但这个解法是偶然凑巧，不适用于其他的同类问题。

宋代杨辉《续古摘奇算法》（1275年）转载了这一个百鸡题，把它称作"三率分身"法的问题。杨辉虽然只记录了《张丘建算经》中的部分字句，仍没有解法，但是后面另举两个同类问题，却各有合理的解法。现在，把它们分别记述在下面。

第一个同类题据杨辉称出自《辩古通源》（现已失传）。我们如果用它的解法来解百鸡题，应该先由

$$100 \times 3 - 100 = 200, \quad 5 \times 3 - 1 = 14, \quad 3 \times 3 - 1 = 8,$$

算出200, 14, 8三个数。这实际就是设鸡翁数是 x，鸡母数是 y，鸡雏数是 z，依题意列方程

$$x+y+z=100\cdots\cdots\cdots\cdots\cdots\cdots（1）$$

$$5x+3y+\frac{1}{3}z=100\colon\cdots\cdots\cdots\cdots\cdots（2）$$

用加减消元法消去z，得

$$14x+8y=200\cdots\cdots\cdots\cdots\cdots\cdots（3）$$

这个方程里的三个数和上面算出来的完全一样。接着计算
$200\div（14+8）$，得商数9，余数2，这个余数不是14或8的倍
数，于是我们改用小于9的整数作为商数，如果取8做商数，
就得余数24，这个余数正好是方程（3）中y的系数8的3倍，
由此可把商数8作为所求的鸡翁数。这个算法的原理是这样
的：设$y=x+u$，代入方程（3），得

$$14x+8（x+u）=200$$

就是 $$（14+8）x+8u=200$$

既然$200\div（14+8）=8$余24，那么就可得$x=8$，$8u=24$，$u=3$。由
此继续求得鸡母数是8+3=11，鸡雏数是100-8-11=81，就是
前举的第二种解答。

第二个同类题出自杨辉所见的写本中，这个方法必须
把三种物品中的某一种物品件数依次假定是1，2，3，4······
改原题为鸡兔类问题，分别仿照《张丘建算经》的"清酒
醑酒"问题，用"交换法"来解（杨辉称这种算法为"双率
分身"），到算得其他两种物品的件数也成整数，就得问
题的解答。用这个方法来解百鸡题，依次假定鸡翁数是1，

2，3，分别算得鸡母数都不是整数。继续假定鸡翁数是4，由此算得鸡母、鸡雏共100-4=96只，共值钱100-5×4=80，假定96只全是鸡雏，所值钱要比实际少$\left(80-\frac{1}{3}\times96\right)$，每换进鸡母1只，所值钱应增加$\left(3-\frac{1}{3}\right)$，算得鸡母数是$\left(80-\frac{1}{3}\times96\right)\div\left(3-\frac{1}{3}\right)=18$[1]，鸡雏数是$(3\times96-80)\div\left(3-\frac{1}{3}\right)=78$，就是前举的第一种解答。这种算法虽然合理，但繁琐。

此后，直到清代，才有丁取忠用"二色差分"的方法来解百鸡题。二色差分也就是杨辉所称的双率分身，但是他不用从1起的各整数顺次假定是鸡翁数来计算，而是假定鸡翁数是零，算得鸡母、鸡雏数以后再用四、七、三来增减的，我们猜想，丁取忠的这个算法可能是由下述的过程创造出来的：

《张丘建算经》所示的四、七、三既然可以用来把一组答案增减而得另一组答案，那么不妨再把最后一种答案继续增减，看它是否还有第四组答案，这样经过增减后，得鸡翁十六，鸡母负三，鸡雏八十七，因为鸡数不应该是负数，所以这一组数是不适用的。再用四、七、三从第一组答案逆推（即增改做减，减改做增），得鸡翁零，鸡母二十五，鸡雏

1.古法在解合有分数的问题时要用"通分"，在这个计算中，所谓通分是把被除数和除数都依分母的数扩大3倍，就是(30×80-96)÷(3×3-1)=18

七十五，其中没有鸡翁，虽然不合题意，但从此却可以推知原书解法会这样简略的原因。丁取忠大概是假定张丘建在开始计算时把鸡翁当作没有的。如果是这样，那么一百钱买两种鸡共一百只，就成了一个鸡兔类的问题，用交换法可求得鸡母二十五，鸡雏七十五，再用四、七、三增减，这个问题就完全解决了。

关于四、七、三这三个数的来历，在《张丘建算经》里也没有提到。我们认为这也可能是照上面所讲的方法推算出来的。这就是说，我们先假定没有鸡翁，用交换法求得鸡母数是25，鸡雏数是75；再假定没有鸡雏，用同法求得鸡翁数是-100，鸡母数是200，于是计算两个结果的差额（前者比后者增或减），得鸡翁增0-（-100）=100，鸡母减200-25=175，鸡雏增75-0=75，再以25约简就得。

由前面所举的方程（1）和（2），我们知道百鸡问题有三个未知数而仅能列成两个方程，它是一个不定方程问题。不定方程的解答原来可以多到无穷，但因本题的答案限于正整数，所以仅有三种。

二

　　《孙子算经》的"物不知数"问题和它的答案是：

　　今有物不知数，三三数之剩二（就是累次减去三，最后余二；也就是以三除原数，余二），五五数之剩三，七七数之剩二，问物几何？答：二十三。

　　原书的解法可以译成算式：

$$2×70+3×21+2×15-105×2=23$$

　　其中的70，21，15，105四个数从何而来，经中没有交代。我们经过研究，知道这四个数有如下的性质：

　　　　70＝3的倍数+1＝5的倍数＝7的倍数，

　　　　21＝3的倍数＝5的倍数+1＝7的倍数，

　　　　15＝3的倍数＝5的倍数＝7的倍数+1，

　　　　105＝3的倍数＝5的倍数＝7的倍数。

　　由此可以得到

　　　　2×70＝3的倍数+2＝5的倍数＝7的倍数

$3×21＝3的倍数　＝5的倍数+3＝7的倍数$

$\underline{2×15＝3的倍数　＝5的倍数　＝7的倍数+2}$　（+

$233＝3的倍数+2＝5的倍数+3＝7的倍数+2$

$\underline{105×2＝3的倍数　＝5的倍数　＝7的倍数}$　（−

∴　$23＝3的倍数+2＝5的倍数+3＝7的倍数+2$

照这样看来,这几个特殊的数,除了105是3,5,7的最小公倍数,容易求到以外,其余三个数在《孙子算经》里可能是根据上举性质的需要(例如70是5和7的公倍数,但比3的倍数多1等),而从实验得来的。

上题的答案23,实际仅是最小的一个,如果用105的任何倍数加上去,得128,233,338……依题验算,都能符合。

上举《孙子算经》物不知数问题解法的算式,近代的西洋数学史上把它称作"中国剩余定理"。因为这个算式里的三个数70,21和15可能从实验得来,所以算法还不完备。

三

　　自从宋代秦九韶在他著的书里记载了大衍求一术以后, 物不知数一类问题的解法中所要用到的几个特殊的数, 才给我们提供了一定的算法, 秦九韶《数书九章》(1247年)卷一和卷二是"大衍类", 所载的九个题目, 都是用求一术来解的。这些题目的内容, 和《孙子算经》物不知数类似, 但比较复杂。它们都是用几个数去除同一的数, 已知各个除数和余数而求被除数的问题。因为在这个算法中必须求出被各个除数所除而能余一的数, 所以叫作"求一"[1], 在秦九韶以前的一千多年里, 大概已有很多天文学家熟悉这种算法, 他们在编制历法时利用它来推算"上元积年"。天文学家假定在上古有一年, 它是甲子年, 这一年的冬至节要刚好在甲子日的子正初刻, 并且又要同时发生日食, 金、木、

1.这里的求一, 显然和乘除速算法里面的求--是完全不同的(乘除速算法里的求一术见《中国算术故事》中的"近世流行的珠算")。

水、火、土五星也在同一个方位上，这一年就叫上元，而从上元到编制历法时的累积年数，叫作上元积年。推算上元积年就是要解决一个包含11个除数的求一术问题。我们有了求一术，不但可以计算比《孙子算经》物不知数复杂得多的同类题，而且像百鸡之类的一次不定方程问题，也都可以很方便地算出答案来了。

大衍求一术是中国数学的宝贵遗产，但是在秦九韶以后历元、明两代没有得到人们的重视。直到清代，才有张敦仁首先加以研究，著《求一算术》（1803年），用浅显的文句，介绍了秦九韶的算法，使一般人都能明白它的内容。后来骆春池著《艺游录》（1815年），时曰醇著《百鸡术衍》（1861年），都用它来解百鸡问题。时日醇的《求一术指》（1873年）和黄宗宪的《求一术通解》（1874年）再加以推广，或立简法，或创新术，于是求一术才引起人们的注意，不久就流传到日本和欧洲。

现在先把《数书九章》中"余米推数"一题抄录在下面，然后再用简单的算式来详细加以说明。

问有米铺诉被盗，去米一般三箩，皆适满，不记细数。今左壁箩剩一合，中壁箩剩一升四合，右壁箩剩一合。后获贼系甲、乙、丙三名，甲称当夜摸得马杓，在左壁箩满舀入布袋；乙称踢着木屐，在中箩舀入袋；丙称摸得漆碗，在右壁箩舀入袋，将归食用，日久不知数。索到三器，马杓满容一升九合，木履容一升七合，漆碗容一升二合。欲知所失米数，计赃结断，三盗各几何？答曰：共失米九石五斗六升三合，甲米三石一斗九升二合，乙米三石一斗七升九合，丙米三石一斗九升二合。

把上面的问题仔细看过一遍，知道和《孙子算经》物不知数类似。我们可以把它改写成如下的问题：

今有物不知数（N），以19（a_1）除之，余1（r_1）；

以17（a_2）除之，余14（r_2）；

以12（a_3）除之，余1（r_3）。问物几何？

其中所求的物数（N）就是各箩原有的米数，要解决这一个问题，根据上节所述《孙子算经》问题解法的理，知道要：

先求一个数 m_1，必须是 a_2 和 a_3 的公倍数，但是比 a_1 的倍数多1；

再求一个数 m_2，必须是 a_3 和 a_1 的公倍数，但是比 a_2 的倍数多1；

再求一个数 m_3，必须是 a_1 和 a_2 的公倍数，但是比 a_3 的倍数多1。

最后求 a_1、a_2、a_3 的最小公倍数 l。于是就得

$$N = r_1 m_1 + r_2 m_2 + r_3 m_3 - kl$$

其中的k在足够减的范围内取最大整数值。

上面的式子就是所谓的"中国剩余定理"，它和近世西洋整数论中"一次同余式"的理论是相符的，但是这个定理在西洋要到十八世纪才被欧拉重新发现，在我国仅就秦九韶来说，也比他早了约五百年。

要达到上述目的，可先列成下表，把a_1、a_2、a_3叫"定母"，顺次求得a_2a_3、a_3a_1、a_1a_2叫"衍数"，再求得$l=a_1a_2a_3$叫"衍母"。

行次	定母	衍数	衍母(z)
1	19(a_1)	204(a_2a_3)	
2	17(a_2)	228(a_3a_1)	3876($a_1a_2a_3$)
3	12(a_3)	323(a_1a_2)	

因204虽是a_2和a_3的公倍数，但不比a_1的倍数多1，所以必须求出一个适宜的数来乘它，使所得的数（m_1）仍是a_2和a_3的公倍数，但比a_1的倍数恰多1，这乘数叫作"乘率"，求一术实际就是指求乘率的算法说的，现在把这个算法叙述如下：

设所求的乘率是x，而$204x$被19除得的整商是y，那么这

个问题实际就是解不定方程

$$204x=19y+1\cdots\cdots（1）$$

因为由除法知道　　$204\times1=19\times10+14\cdots\cdots（2）$

从右边第一项中拿出一个-19（实际就是加进一个$+19$），把它加在第二项，得

$$204\times1=19\times11-5\cdots\cdots（3）$$

（2）+（3）×2，得　　　$204\times3=19\times32+4\cdots\cdots（4）$

（3）+（4），得　　　　$204\times4=19\times43-1\cdots\cdots（5）$

（4）+（5）×3，得　　$204\times15=19\times161+1\cdots\cdots（6）$

比较（1）和（6），就得第一行的乘率是　　　　$x=15$

　　上举的算法其实并不怎样深奥，因为204比19的倍数多14，就是比19的倍数少5，于是累次用乘法和加法，可使所多的数逐渐减少，就是原来多14，经（3）、（4）两步后变成多4，又经（5）（6）两步后就只多1，目的达到。

　　秦九韶把上举求乘率的方法定出了一个普遍的法则，计算起来非常便利。我们把原书的法则改良一下，列衍数在左行，定母在右行，两数"辗转累减"，所谓辗转累减，其实和求最大公约数所用的辗转相除类似，但因最后一次的除数往往会遇到1，原可以除得尽，而这时要在衍数一行保留一个余数1，我们必须不让它除尽，所以称作辗转累减。在未曾累减时，先在衍数旁边记一个数1，定母旁边记0，叫作

"寄数"。我们从衍数和定母两数中的较大数内累次减去较小数,同时以减数的寄数累次加于被减数的寄数,作为差数的寄数。到差数小于减数时,依同法再从原先的减数内累次减去所得的差数。照这样辗转累减,直到衍数下面得差数1为止。这时差数1旁边的寄数就是乘率。应用这个法则来求上例中第一行的乘率,可列简明的算式如下:

	寄 数	衍 数	定 母	寄 数	
	1	204	19	0	
	0	190	14	1	
(第一步:累减19共10次)	1	14	5	1	(第二步:减14仅1次)
	2	10	4	3	
(第三步:累减5共2次)	3	4	1	4	(第四步:减4仅1次)
	12	3			
(第五步:累减1共3次)	15	1			

式中第五步所得的寄数15,就是第一行的乘率。

求第二行的乘率时,仿照上法,知道必须解不定方程:

$$228x = 17y + 1 \cdots\cdots\cdots (1)$$

因为

$$228 \times 1 = 17 \times 13 + 7 \cdots\cdots\cdots (2)$$

(2)×2,得

$$228 \times 2 = 17 \times 26 + 14 \cdots\cdots\cdots (3)$$

从右边第一项中拿出一个−17,把它加在第二项,得

$$228 \times 2 = 17 \times 27 - 13 \cdots\cdots\cdots (4)$$

(2)+(4)×2,得

$$228 \times 2 = 17 \times 67 + 1 \cdots\cdots\cdots (5)$$

比较（1）和（5），就得第二行的乘率是 $x=5$

求第三行的乘率时，只要解不定方程：

$$323x=12y+1\cdots\cdots\cdots\cdots\cdots\cdots\cdots（1）$$

因为 $$323\times1=12\times26+11\cdots\cdots\cdots\cdots\cdots（2）$$

就是 $$323\times1=12\times27-1\cdots\cdots\cdots\cdots\cdots（3）$$

（2）+（3）×10，得 $323\times11=12\times296+1\cdots\cdots\cdots\cdots（4）$

比较（1）和（4），就得第三行的乘率是 $x=11$

这两行求乘率的简式如下，读者可以把它们相互比较。

| （第二行） | | | | | （第三行） | | | |
寄数	衍数	定母	寄数		寄数	衍数	定母	寄数
1	228	17	0		1	323	12	0
0	221	14	2		0	312	11	1
1	7	3	2		1	11		1
4	6				10	10		
5	1				11	1		

到这里，这一个问题就快要全部解决了。继续列表：

行次	衍数	乘率	用数	剩数	各总
1	204（a_2a_3）	15	3060（m_1）	1（r_1）	3060（r_1m_1）
2	228（a_3a_1）	5	1140（m_2）	14（r_2）	15960（r_2m_2）
3	323（a_1a_2）	11	3553（m_3）	1（r_3）	3553（r_3m_3）

　　并各总得3060+15960+3553=22573，大于衍母（l），由除法知道最多可以减去衍母的5倍（即$k=5$），于是得各箩原有的米数（N）是22573−5×3876=3193（合）。

　　从这数减去各箩内的余米，就是各箩内被盗的米，再把所得的三数相加，就得共失的米，答案见原题末后。

四

　　用秦九韶的大衍求一术来解《孙子算经》的问题，仅有第一行须求乘率，在其余二行中，恰巧a_3a_1=21，比a_2-5的倍数多1；a_1a_2=15，比a_3=7的倍数多1，就是$a_3a_1=m_2$，$a_1a_2=m_3$，所以乘率是1，不必求了。读者可仿秦氏的问题列成算式，这里不再记叙。

　　骆春池和时曰醇用求一术解百鸡问题的方法，实际很简单，只须把前举的方程

$$\begin{cases} x+y+z=100, \\ 5x+3y+\dfrac{1}{3}z=100 \end{cases}$$

变成

$$\begin{cases} x+y+z=100 \\ 15x+9y+z=300, \end{cases}$$

两式相减，得　　　　　　14x+8y=200

就是　　　　　　　　　　7x+4y=100

因7x是7的倍数，100比7的倍数（即7的14倍＝98）多2，

所以 $4y$=7的倍数+2,

但是 $4y$=4的倍数,

于是得到一个求一术问题:"今有物不知数($4y$),以7除之,余2;以4除之,恰尽。问物几何?"列表解答如下:

行次	定母	衍数	衍母	乘率	用数	剩数	各总
1	7	4	28	2	8	2	16
2	4	7				0	0

其中第一行的乘率2仿前法易于求得。因为第二行的剩数是0,所以不必求乘率,总数也是0。并各总得16,不满衍母,就是$4y$的最小值,再累加衍母,可得$4y$的较大值,就是

$$4y=16, 44, 72, 100, 128\cdots\cdots$$

所以 $y=4, 11, 18, 25, 32\cdots\cdots$

代入前式,得 $x=12, 8, 4, 0, -4\cdots\cdots$

$$z=84, 81, 78, 75, 72\cdots\cdots$$

因为x不能是0或负数,所以共有答案三种。

照这样看来,凡是一次不定方程问题,只要能够先化成

$$ax+by=c$$

的形式,就可以用大衍求一术来解了。

关于《孙子算经》物不知数和《张丘建算经》百鸡的问题,还有其他的解法,这里就不说了。

级数的初步认识

中国古代对级数很早就有了认识,在《周髀算经》(约公元前一世纪)里曾经谈到"七衡"(就是日月运行的圆周)的直径以19833里100步×2递增,又说在周城的平地立八尺高的周髀(就是标竿),日中测影,在二十四节气中,冬至影长1丈3尺5寸,以后每一节气递减9寸$9\frac{1}{6}$分,到夏至而影最短,仅长1尺6寸,以后每一节气又递增9寸$9\frac{1}{6}$分,这些都是现今代数学里的等差级数,可见《周髀算经》对于最简单的级数已经有了一个初步认识。

《九章算术》"衰分"一章所列的问题,多数是比例分配,其中的第一题是依照5：4：3：2：1的比把5分作五份,答数顺次是$1\frac{2}{3}$、$1\frac{1}{3}$、1、$\frac{2}{3}$、$\frac{1}{3}$,成为等差级数。考古时九数的名称,"衰分"或作"差分",大概原有分配成等差级数的意思。又第二题是依照4：2：1的比把50分成三份,答

数顺次是 $28\frac{4}{7}$、$14\frac{2}{7}$、$7\frac{1}{7}$，成为等比级数；第八题是依照 $\frac{1}{5}:\frac{1}{4}:\frac{1}{3}:\frac{1}{2}:1$ 的比把100分成五份，原书称作"返衰"，意义大概是指等差级数的倒数，答数顺次是 $8\frac{104}{137}$、$10\frac{130}{137}$、$14\frac{82}{137}$、$21\frac{123}{137}$、$43\frac{109}{137}$，成为调和级数。从这三个问题，连《中国算术故事》"盈亏算法和它的应用"所述盈不足的两个问题，可见在《九章算术》中已经形成了各种级数的简单观念。

讲到等差级数求和的问题，最早见于《孙子算经》，该书中有如下的一个题目：

今有方物一束，外周一匝有三十二枚，问积几何？答：八十一。

这一个问题原可作正方阵解，就是 $(32\div4+1)^2=81$，但原书根据正方束物的定理："中心一枚，外包八枚，向外逐层增八枚"，从外周的数32逐次减去8，得从外向内各层的数顺次是32、24、16、8、1，然后用加法把它们加起来，就得所求的数。在这顺次各层的数中，除末一数外，其余的成为等差级数。《孙子算经》求总和用直接相加，还没有简捷的算法。

在《九章算术》"盈不足"一章第十九题的注里，刘徽首先用捷法求等差级数的总和，设等差级数的首项是 a，公差是 d，项数是 n，总和是 S，那么刘徽的算法就是

$$S = \left[a + \frac{(n-1)d}{2} \right] \times n$$

如果把这个公式化一下，并且以末项$l=a+(n-1)d$代入，就得现今代数里的公式：

$$S = \frac{n(a+l)}{2}$$

　　南北朝时的《张丘建算经》里载了五个等差级数问题，现在举示求公差、求总和、求项数的三题于下。

　　【题一】　今有女子善织布，逐日所织的布以同数递增，已知第一日织5尺，经一月共织39丈，问逐日增多少？答：$5\frac{15}{29}$寸。

　　原书的解法可译成如下的算式：

$$(390 \text{尺} \times 2 \div 30 - 5 \text{尺} \times 2) \div (30 - 1) = \frac{16}{29} \text{尺} = 5\frac{15}{29} \text{寸}$$

　　显然题中第一日所织尺数是等差级数的首项，以a表示；逐日所增的是公差，以d表示；一月的日数是项数，以n表示，共织的尺数是总和，以S表示，译上术得式

$$d = \frac{\frac{2S}{n} - 2a}{n - 1}$$

　　加以简化，可得　　　　$$S = \frac{n[2a + (n-1)d]}{2}$$

　　和现今代数学中的公式完全一样。

【题二】　今有女子不善织布,逐日所织的布以同数递减,已知第一日织5尺,末一日藏1尺,计织30日,问共织布多少? 答:9丈。

译原书的解法是(5尺+1尺)÷2×30=90尺=9丈。

题中末一日所织的尺数是末项,以l表示,其余和前题同,译上术得式

$$S = \frac{a+l}{2} \times n$$

其实就是现在代数里的公式

$$S = \frac{n(a+l)}{2}$$

比较题一和题二的两个公式,可见

$$l = a + (n-1)d$$

就是代数里求末项的公式。

【题三】　今有某人拿钱赠给许多人,先第一人给3钱,第二人给4钱,第三人给5钱,继续依次递增1钱给其他许多人。给完后把这些人所得的钱全部收回,再平均分派,结果每人得100钱,问人数多少? 答:195人。

原书的术文说:"置人得数,以减初入钱数,余倍之,以转多钱数加之,得人数,"可译为算式:

$$2 \times (100-3) + 1 = 195$$

题中第一人所给的钱数是首项,递增的钱数是公差,人数是项数,总钱数是总和,记号同前。另以m表每人平均

分得的钱数, 译上术得式:

$$n=2(m-a)+d$$

但由题意, 知道 $S=mn$, 代入题一的公式, 得

$$mn=\frac{n[2a+(n-1)d]}{2}$$

化简后应得 $n=\frac{2(m-a)+d}{d}$

和前面译得的式子比较一下, 右边多了一个除数 d, 可见《张丘建算经》所述的解法, 实际还有缺漏。大概原书因为 $d=1$, 所以略去了以 d 除的一步, 结果算法就不普遍。如果在术文最后 "得人数" 三字的前面添 "再以转多钱数除之" 一句, 这才算合理。

三

在张丘建之后，天文学家曾经把
等差级数的算法应用到历法计算方
面。因为古代天文学家常常假定天体
的视运动在一定的区间是匀加速运
动，就是每天所行弧长的度数是等差
级数，所以可按照等差级数来计算。

例如唐代僧一行（在未出家为僧

图1 一行
（683-727）

时原名张遂）在创制《大衍历》时，计算行星在n天内共行的
弧长S（以度做单位，以下同），应用的公式是

$$S = n\left(a + \frac{n-1}{2}d\right)$$

其中的a是第一天所行的弧长，就是等差级数的首项，d是
逐日多行的弧长，就是等差级数的公差。这一个公式显然
和刘徽的算法一样的。

　　一行在另一个历法计算中, 由已知的首项 a、公差 d 和总和 S 求日数 n。这个算法相当复杂, 把它译成公式, 就是

$$n = \frac{1}{2}\left[\sqrt{\left(\frac{2a-d}{d}\right)^2 + \frac{8S}{d}} - \frac{2a-d}{d}\right]$$

我们考察这个公式的来历, 知道只要先把前面的一个公式化成二次方程

$$n^2 + \frac{2a-d}{d}n = \frac{2S}{d}$$

再解出它的正根来就得之。

四

　　我国在宋、元间又曾应用等差级数的算法解"堆""垛"的问题。宋杨辉《田亩比类乘除捷法》（1275年）"梯田求积"一题的后面，载"圭垛"和"梯垛"两法，实际就是三角阵和梯形阵的问题。其中所示求总数的方法，和梯形求面积类似，也就是张氏求等差级数总和的方法。元朱世杰《算学启蒙》"荄草求积"的问题和杨氏的"圭垛"一样，但另有求积还原的问题，是杨氏书中所没有的。又明程大位《算法统宗》（1592年）所载"一面尖堆"和"一面平堆"二题，和杨氏的"圭垛"和"梯垛"名异而实同。

　　杨辉所述的圭垛，是把草束堆成尖垛，自下而上逐层少一，顶层是一束；梯垛同前，但顶层不止一束。下面把这两个问题简略记述一下。

　　【题一】　今有圭垛草一堆，顶上一束，底阔8束。问：共几束？答：36束。

原书说可借用梯田法来求,意思是可以设想有同样的另一圭垛,把它倒过来,拼在原有的圭垛上,得图2的形状,其中每层的数都相

图2

等,都等于上下阔的和1+8=9,用层数乘得9×8=72,是两个圭垛的总数,以2除得72÷2=36,就是所求的数。

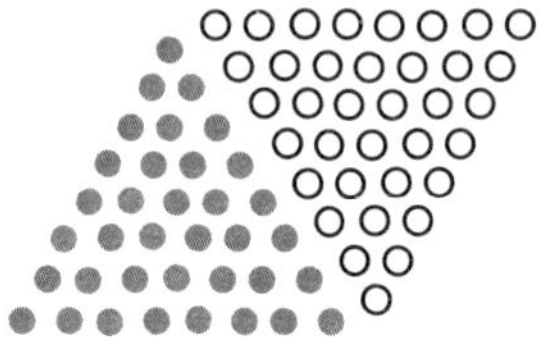

【题二】 今有梯垛草一堆,顶上6束,底阔13束。问:共几束? 答:76束。

原书也说仿梯田求积法解,就是(6+13)×8÷2=76,式中的8由13−6+1得来,就是梯垛的层数,相当于梯田的高。

五

　　杨辉梯田求积法下，又载"方圆箭束"二题。其中的方箭束就是《孙子算经》的方束问题，除中心一枚外，向外各层的数是以8为公差的等差级数；圆箭束也类似，但公差是6。原书都仿梯田法，由外周的数而求总数。在杨辉著《田亩比类乘除捷法》前二十余年，秦九韶《数书九章》的"竹围芦束"实际是一个最早的圆箭束问题。后来朱世杰《算学启蒙》也述方圆箭束，并有还原问题。又朱世杰《四元玉鉴》（1303年）"箭积交参"门还有方圆箭束共积的还原术，虽然也用等差级数求和公式，但因属于二次方程，所以用天元术解。程大位《算法统宗》也载方、圆、三棱箭束的外周和总数互求的问题，其中的三棱箭束就是一面尖堆，和杨氏的圭垛、朱氏的荄草完全一样。

　　现在举出杨氏方、圆箭束各一题如下。

　　【题一】　方箭束外周32支（图3），问：共箭几支？答：

81支。

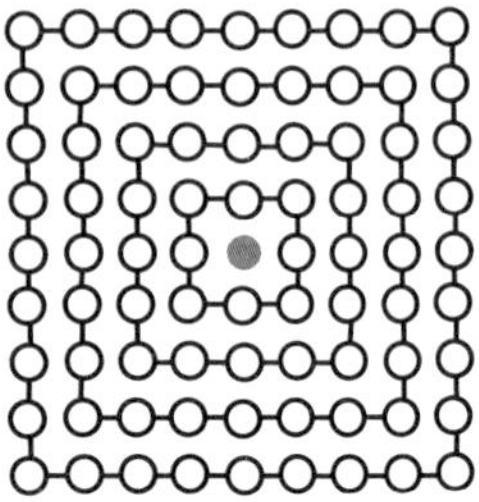

原书的解法也说借用梯田法,因除中心外,向外各层可展开而成一梯垛(图4)。原书的解法是:

$$(8+32)×4÷2+1=81$$

式中的4是层数,由32÷8得来。

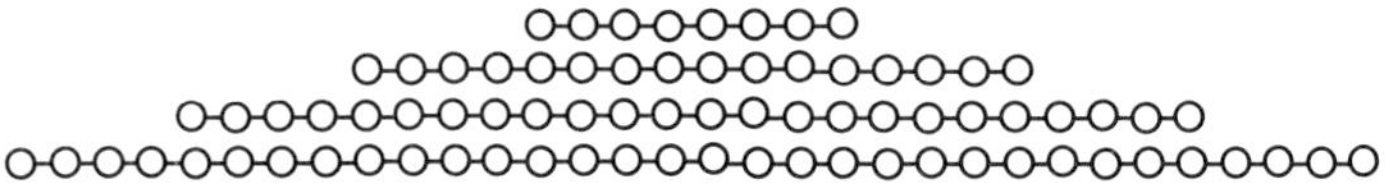

图3

图4

如果方箭束外层每边的数是偶数,就是中心是4支,那么,不必除去中心各层就成等差级数,解法和上题略异,但诸家算书中都没有讨论到。

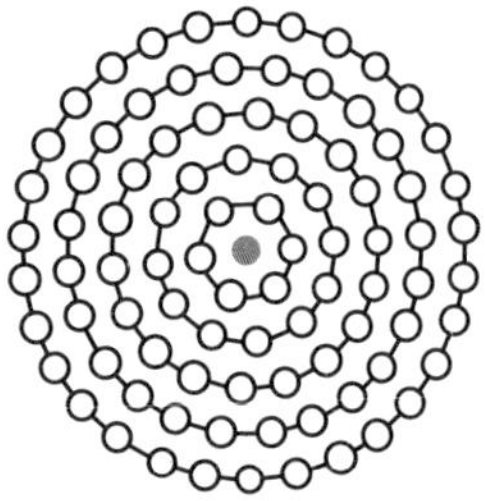

【题二】圆箭束外围30支(图5),问共箭几支? 答:91支。

圆箭束除中心一支外,向外各层也可以展开而成一梯垛(图6),所以仍仿梯田法,列算式:

$$(6+30)×5÷2+1=91$$

式中的5是层数,由30÷6得来。

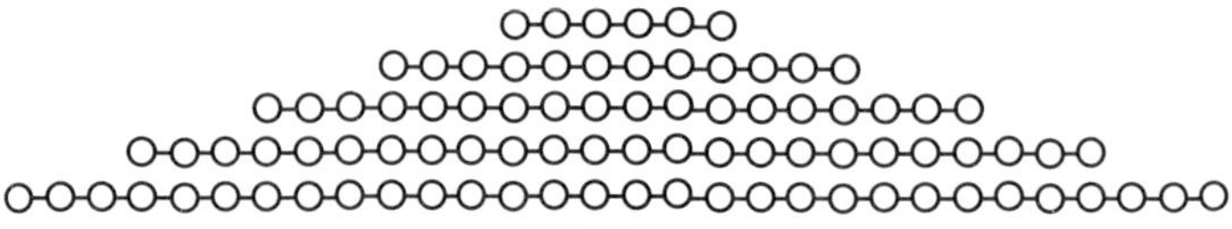

图5

图6

贾宪三角形的创立

学过初等代数的人, 都知道二项式各次的乘方可展开而得以下各式:

$$(a+b)^2 = a^2 + 2ab + b^2$$

$$(a+b)^3 = a^3 + 3a^2b + 3ab^2 + b^3$$

$$(a+b)^4 = a^4 + 4a^3b + 6a^2b^2 + 4ab^3 + b^4$$

$$(a+b)^5 = a^5 + 5a^4b + 10a^3b^2 + 10a^2b^3 + 5ab^4 + b^5$$

....

把上列展开式各项的系数依次排列, 并且在它们的上方补出 $(a+b)^0 = 1$ 和 $(a+b)^1 = a+b$ 两式右边各项的系数, 可得如下的图形:

```
              1
            1   1
          1   2   1
          1   3   3   1
        1   4   6   4   1
      1   5  10  10   5   1
```

....

这在西洋数学中叫作"巴斯加三角形"。

在中国、阿拉伯、印度等几个东方的古国里，很早就知道$(a+b)^2$和$(a+b)^3$的结果，但是它的算法却是从正方形的面积或正方体的体积获得的（参阅《中国算术故事》中"古代的筹算"一篇）。后来在宋杨辉《详解九章算法》（1261年）中记载了一幅类于巴斯加三角形的图，由此就有了求乘方式中各项系数的简便方法。

在《永乐大典》所录杨辉的《详解九章算法》中，载有"开方作法本源"，附了一幅图（图7），书中自注称该法出于论述开方的算书，贾宪用此术，这图实际和巴斯加三角形一样。

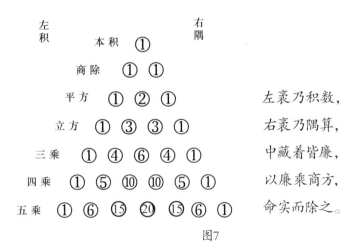

图7

图后又附"增乘方求廉草"，说明图中各数的求法，大意是先定右方斜行的各位数都是1，接着定第二斜行，

首位仍是1，以下各位都取上列左右二位数的和，如1+1=2，
2+1=3，3+1=4……定第三斜行时仍令首位为1，以下各位是
1+2=3，3+3=6，6+4=10……其余依此类推。

　　贾宪大约是十一世纪中叶的人，杨辉既然称贾宪曾用
此术，那么上举的一幅图形在中国不晚于十一世纪就已经
发明了。在西洋方面，因为一般都认为是巴斯加（1654年）首
先发明的，所以称作"巴斯加三角形"，其实巴氏以前讨论
过的已有好几个人，最早是德国人阿皮纳斯，他在1527年写
的一本关于算术的书，曾经把一幅类似的图形留在封面上。
照这样看来，我国发明这一个图形，要比巴斯加早了五百多
年，就是和阿皮纳斯比起来也早了四百多年。

　　因为这幅图原是附列在"开方作法本源"的文字里面
的，所以可称"开方作法本源图"，又因图中的各数就是
二项式的乘方式中各项的系数（古称"廉"），所以也可称
作"乘方求廉图"，也有人因为它出于杨辉的书，所以叫它
"杨辉三角形"，本书为了纪念贾宪创立这图的功绩，把它
称作"贾宪三角形"。

　　杨辉以后，元朱世杰《四元玉鉴》载"今古开方会要之
图"，其中有一幅名叫"古法七乘方图"（如图8），和贾宪三
角形类似，但已由五乘方（即六次幂）推广到七乘方（即八
次幂）。

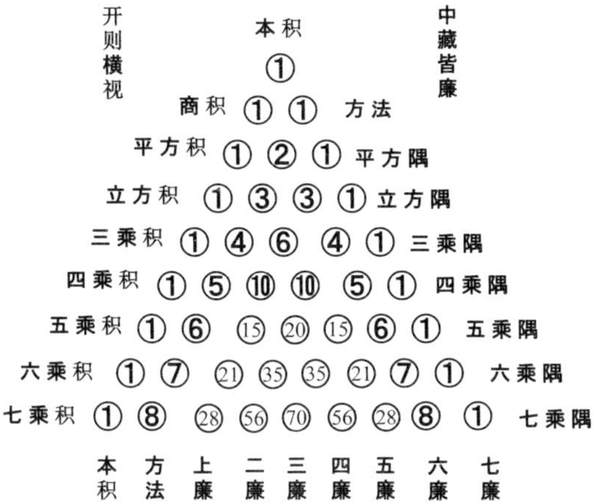

开则横视　　　　本积　　　　中藏皆廉

①

商积　① ①　方法

平方积　① ② ①　平方隅

立方积　① ③ ③ ①　立方隅

三乘积　① ④ ⑥ ④ ①　三乘隅

四乘积　① ⑤ ⑩ ⑩ ⑤ ①　四乘隅

五乘积　① ⑥ 15 20 15 ⑥ ①　五乘隅

六乘积　① ⑦ 21 35 35 21 ⑦ ①　六乘隅

七乘积　① ⑧ 28 56 70 56 28 ⑧ ①　七乘隅

本积　方法　上廉　二廉　三廉　四廉　五廉　六廉　七廉

图8

在朱世杰以后重新提这个图的，有明代的吴敬、周述学、程大位等人，都比巴斯加早，他们所举的图形，都和杨辉的类似，但名称各有不同。吴敬的《九章算法比类大全》（1450年）中称"开方作法本原之图"，周述学的《神道大编历宗算会》（1558年）中称"开方求廉法图"，程大位的《算法统宗》中又称"开方求廉率作法本源图"，各图都列到五乘方为止。

清梅毂成的《增删算法纯宗》（1757–1760年）中仍用程氏旧名，但推广到七乘方。此后西法输入，中国的数学书里对此颇多论述，这里不再续记。

关于贾宪三角形的用途，在最初创立时大概仅限用于开方。例如解开平方的问题，既得初商a后，要定次商b，由贾宪三角形的第三层，得：

$$(a+b)^2=a^2+2ab+b^2=a^2+(2a+b)b$$

所以从原实减去初商的平方（a^2）后，所余的实就是（$2a+b$），可用$2a$试除余实，估计而定次商b，加次商b于$2a$，再以b乘，如果从余实减去这积后恰尽，那么次商就是b，原图后面所附的说明，有"以廉乘商方，命实而除之"两句，就是这个意思。

又如在开立方时，得初商a后，要定次商b，由图中的第四层，得：

$$(a+b)^3=a^3+3a^2b+3ab^2+b^3=a^3+(3a^2+3ab+b^2)b$$

所以从原实减去了初商的立方（a^3）以后，余下来的实就是（$3a^2+3ab+b^2$）b，用$3a^2$试除得次商b，加$3ab$和b^2于$3a^2$，再以b乘,从余实减去这积,不尽就依法续开。

照上述的看来,要开四次方(古称三乘方),只须根据贾宪三角形中第五层的数,仿上法就可求得四次根;开五次方(即四乘方)须用第六层的数;开六次方(即五乘方)须用第七层的数……这里举一个开五次方的例子,为明了起见,仿新法开方,列算式于下:

求248832的五次根,因为

$$(a+b)^5=a^5+5a^4b+10a^3b^2+10a^2b^3+5ab^4+b^5$$
$$=a^5+(5a^4+10a^3b+10a^2b^2+5ab^3+b^4)b$$

所以得算式

$$
\begin{array}{lll}
& & \overline{10+2 \cdots\cdots a+b} \\
& & \overline{2,48832 \cdots\cdots (a+b)^5} \\
& & 1,00000 \cdots\cdots a^5 \\
\hline
5a^4 \cdots\cdots 5\times10^4=50000 & \big| & 1,48832 \cdots\cdots (5a^4+10a^3b+10a^2b^2 \\
10a^3b \cdots\cdots 10\times10^3\times2=20000 & & \qquad\qquad\qquad +5ab^3+b^4)b \\
10a^2b^2 \cdots\cdots 10\times10^2\times2^2=\ 4000 & & \\
5ab^3 \cdots\cdots 5\times10\times2^3=\ 400 & & \\
b^4 \cdots\cdots 2^4=\ 16 & & \\
\hline
5a^4+10a^3b+10a^2b^2+5ab^3+b^4 \cdots 74416 & \big| & 1,48832 \cdots\cdots 同上
\end{array}
$$

$$\therefore \sqrt[5]{248832}=12$$

由上举的例子,知道无论开多少次方,有了贾宪三角形,都可以依法求解;不过次数愈多,计算愈繁,不很便利。

三

在宋、元数学中，在级数计算方面有很大的发展。细考这些级数求和的方法，显然都要根据现今数学中的所谓"二项式定理"。由贾宪三角形，我们很容易推得这个二项式定理的公式。因此，我们设想，在宋朝时中国已经发现了二项式定理，并且把它应用到级数计算方面。

下面来说明怎样利用贾宪三角形推得二项式定理。

设 $(x+y)^n$ 的展开式中顺次各项的系数是 a_0、a_1、a_2、a_3、a_4……那么我们把贾宪三角形的左斜行改作直行，可以列出一张表：

	a_0	$\frac{a_1}{a_0}$	$\frac{a_2}{a_1}$	$\frac{a_3}{a_2}$	$\frac{a_4}{a_3}$	$\frac{a_5}{a_4}$	$\cdots$
($n=0$)	1						
($n=1$)	1	$\frac{1}{1}$					
($n=2$)	1	$\frac{2}{1}$	$\frac{1}{2}$				
($n=3$)	1	$\frac{3}{1}$	$\frac{2}{2}$	$\frac{1}{3}$			
($n=4$)	1	$\frac{4}{1}$	$\frac{3}{2}$	$\frac{2}{3}$	$\frac{1}{4}$		
($n=5$)	1	$\frac{5}{1}$	$\frac{4}{2}$	$\frac{3}{3}$	$\frac{2}{4}$	$\frac{1}{5}$	

顺次用前一项的系数除后一项的系数,仍如前列式,得

$$a_0 \quad \frac{a_1}{a_0} \quad \frac{a_2}{a_1} \quad \frac{a_3}{a_2} \quad \frac{a_4}{a_3} \quad \frac{a_5}{a_4} \quad \cdots$$

$(n=0)$ 1

$(n=1)$ 1 $\frac{1}{1}$

$(n=2)$ 1 $\frac{2}{1}$ $\frac{1}{2}$

$(n=3)$ 1 $\frac{3}{1}$ $\frac{2}{2}$ $\frac{1}{3}$

$(n=4)$ 1 $\frac{4}{1}$ $\frac{3}{2}$ $\frac{2}{3}$ $\frac{1}{4}$

$(n=5)$ 1 $\frac{5}{1}$ $\frac{4}{2}$ $\frac{3}{3}$ $\frac{2}{4}$ $\frac{1}{5}$

由此可以推知

$$a_0=1 \qquad \frac{a_1}{a_0}=\frac{n}{1} \qquad \frac{a_2}{a_1}=\frac{n-1}{2}$$

$$\frac{a_3}{a_2}=\frac{n-2}{3} \qquad \frac{a_4}{a_3}=\frac{n-3}{4} \cdots\cdots$$

所以 $(x+y)^n$ 的展开式中各项的系数顺次是

$$a_0=1$$

$$a_1=a_0\left(\frac{n}{1}\right)=1\cdot\frac{n}{1}=\frac{n}{1}$$

$$a_2=a_1\left(\frac{n-1}{2}\right)=\frac{n}{1}\cdot\frac{n-1}{2}=\frac{(n-1)n}{1\times2}$$

$$a_3=a_2\left(\frac{n-2}{3}\right)=\frac{(n-1)n}{1\times2}\cdot\frac{n-2}{3}=\frac{(n-2)(n-1)n}{1\times2\times3}$$

$$a_4=a_3\left(\frac{n-3}{4}\right)=\frac{(n-2)(n-1)n}{1\times2\times3}\cdot\frac{n-3}{4}=\frac{(n-3)(n-2)(n-1)n}{1\times2\times3\times4}$$

于是得二项式定理的公式：

$$(x+y)^n = x^n + \frac{n}{1}x^{n-1}y + \frac{(n-1)n}{1\times2}x^{n-2}y^2$$

$$+ \frac{(n-2)(n-1)n}{1\times2\times3}x^{n-3}y^3$$

$$+ \frac{(n-3)(n-2)(n-1)^n}{1\times2\times3\times4}x^{n-4}y^4 + \cdots\cdots$$

怎样利用这个公式来求某些级数的总和，留待下篇再讲。

到清代，中国数学书中又在多方面应用到贾宪三角形，例如董祐诚和项名达把它应用于"割圆术"，李善兰用它来作级数的研究，华蘅芳又利用它来解高次方程，这些我们不再一一介绍了。

高阶等差级数的阐明

在公元十一世纪时，我国经过较长时期的北宋统一局面，人民生活比较安定，农业生产得到恢复和发展，手工业和商业也有显着的进步。由于社会生产力获得了提高，科学技术也被推动着前进。那时候的劳动人民，在生产实践中积累了相当丰富的科学知识，由此提高了生产技术，创造了大量的物质财富。这些情况，在当时的科学家沈括（1031–1095年）所著的《梦溪笔谈》里有很多纪录。沈括对科学研究重视实践，并能正确地认识到使科学向前发展的不是那些卓越非凡的所谓圣人，而是普通的劳动人民。因此，他经常联系群众，认真地总结他们在生产斗争中的经验，较详细地描述在他的著作里。例如印刷工人毕升发明的活字印刷术，木工喻皓编写的有关木结构建筑的《木经》，治水工人高超创造的合龙门埽的三节施工法，航海工人利用磁针确定方向，并创造出多种装置方法，河北锻工的炼钢技术，陵州盐井的工人生产食盐,鄜延人民从沙石泉水中采集石油,福建农民的种茶,羌族人民的冶金技术等,都可以在《梦溪笔谈》里看到,它们为后人提供了宝贵的科学技术历史资料。

《梦溪笔谈》里也记载了一些当时的人民在数学方面的成就,其中最杰出的是一种高阶等差级数求总和的算法——隙积术。沈括提到陶瓷工业大量生产的瓮、缸、瓦盆等陶器,常被堆成长方棱台的形状(即隙积),和《九章算术》中的刍童类似。但刍童是由六个平面围成的实质的立体,而隙积有缺刻或虚隙,它的总数不能按照刍童求积的方法来计算。因此,就另行创造了隙积术,后世西洋数学中的"积弹",实际就是这种算法。

沈括所提到的高阶等差级数的各项,顺次是两组连续正整数各相当项的积,形式是

$ab, (a+1)(b+1), (a+2)(b+2), (a+3)(b+3)\cdots\cdots$

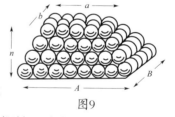

图9

就形象来讲,就是把同样的许多对象一层一层地堆积起来,各层都是一个长方形,由上而下逐层的长和阔各增1个,这样的顺次各层的对象数,就是这种级数的各项。如图9,设顶层长有a个,阔有b个,底层长有A个,阔有B个,共有n层,把沈括计算总数S的方法译成公

式，就是

$$s=ab+(a+1)(b+1)+(a+2)(b+2)+\cdots\cdots$$

$$+(A-1)(B-1)+AB \qquad (共设n项)$$

$$=\frac{n}{6}[b(2a+A)+B(2A+a)]+\frac{n}{6}(B-b)$$

这一个公式用什么方法求得，原书交代得不很清楚。《梦溪笔谈》只是在原注中说："刍童求见实方之积，隙积求见合角不尽益出羡积。"根据这两句话来推测，大概他是把原积分成"实方"和"益出"两部分，前者用《九章算术》刍童的算法，后者用同书中"羡除"的算法分别求积，再相并而得的。下面把这个方法详细说明一下。

为了简明起见，假定堆积的物体是"单位立方"（就是边长是1的正方体），那么堆成的立体中间实质而两个底面成平面，只有四个侧面是有缺刻的（如图10），用四个平面来截下四个侧面上的突出部分（图中用虚线表示截痕），所得的中间部分就是一个刍童（如图11），而截下的许多小块共有三种不同的形状：一种是长方体的斜截平分体（就是堑堵，如图12中有阴影线的部分），一种是底面是正方形的楔（图13中有阴影线的两个部分都是，它是特殊的刍甍，一般刍甍的底面是长方形的），另一种是正方棱锥（就是阳马，如图13中有密点的部分）。现在分别利用《九章算术》

中的公式,求这些立体的体积如下[1]。

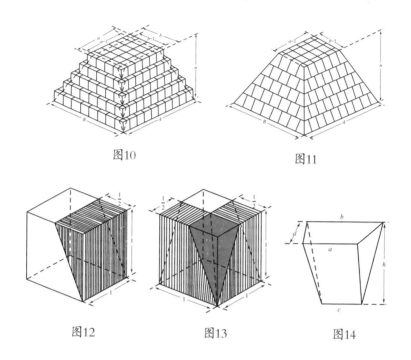

图10　　　　　　图11

图12　　　图13　　　图14

（1）因为刍童上底的长是$a-1$,阔是$b-1$,下底的长仍是A,阔仍是B,所以由刍童公式(见《中国算术故事》的"实用算术的发达"一篇),得到它的体积是

1.壍堵、刍甍、阳马都是《九章算术》书中的名称。另外还有一种底面是梯形的楔,就是羡除,如图14,它的求积公式是

$$V = \frac{h}{6} \times d \times (a+b+c)$$

在羡除中,如果 $a=b$,那就是刍甍;如果 $a=b=c$,那就是壍堵;如果 $a=b=d$,并且 $c=0$,那就是阳马。因此,求这三种立体的体积时都适用上面的羡除公式。

$$V_1 = \frac{n}{6}\{(b-1)[2(a-1)+A]+B[2A+(a-1)]\}$$

$$= \frac{n}{6}[b(2a+A)+B(2A+a)]$$

$$+ \frac{n}{6}[-2(a+b)-(A+B)+2]$$

（2）在侧面上截下的每一个壐堵（倒立的）的底面长是1，阔是 $\frac{1}{2}$，顶阔和高都是1，它的体积是

$$V_2 = \frac{1}{6} \times \frac{1}{2} \times (1+1+1) = \frac{1}{4}$$

因为除在四条侧棱上的小立方以外，长边的每一个侧面上截下的各层壐堵数成为等差级数，它的首项是 $a-2$，末项是 $A-2$，项数是 n，由等差级数求和的算法，得到总和是

$$\frac{1}{2}[(a-2)+(A-2)]\times n = \frac{n}{2}(a+A-4)$$

同样，阔边的每一个侧面上截下的壐堵总数是

$$\frac{1}{2}[(b-2)+(B-2)]\times n = \frac{n}{2}(b+B-4)$$

由此可得四个侧面上截下的壐堵总数是

$$2 \times \frac{n}{2}(a+A-4)+2 \times \frac{n}{2}(b+B-4)$$

$$= n[(a+b)+(A+B)-8]$$

它们的总体积应该是

$$V_2 = \frac{1}{4} \times n[(a+b)+(A+B)-8]$$

$$= \frac{n}{6}\left[\frac{3}{2}(a+b)+\frac{3}{2}(A+B)-12\right].$$

（3）在侧棱上截下的每一个刍甍的底面各边的长是$\frac{1}{2}$，顶阔和高都是1，它的体积是

$$v_3 = \frac{1}{6} \times \frac{1}{2} \times \left(\frac{1}{2} + \frac{1}{2} + 1\right) = \frac{1}{6}.$$

因为在四条侧棱上共有$4n$个小立方，而每个小立方上截下2个刍甍，所以截下的刍甍总数是$8n$，它们的总体积是

$$V_3 = \frac{1}{6} \times 8n = \frac{n}{6} \times 8.$$

（4）在侧棱上截下的每一个阳马的底面各边的长是$\frac{1}{2}$，高是1，它的体积是

$$V_4 = \frac{1}{6} \times \frac{1}{2} \times \left(\frac{1}{2} + \frac{1}{2}\right) = \frac{1}{12}.$$

因为截下的阳马总数是$4n$，所以它们的总体积是

$$V_4 = \frac{1}{12} \times 4n = \frac{n}{6} \times 2.$$

把上面四个结果相加，得所求的体积，即隙积的总数是

$$S = \frac{n}{6}[b(2a + A) + B(2A + a)]$$

$$+ \frac{n}{6}\left[-\frac{1}{2}(a + b) + \frac{1}{2}(A + B)\right]$$

又因 $-\frac{1}{2}(a + b) + \frac{1}{2}(A + B) = \frac{1}{2}[(A - a) + (B - b)]$

$$= \frac{1}{2}[(B - b) + (B - b)] = B - b.$$

（易知$A-a$和$B-b$都等于$a-1$。）

$$\therefore \quad S = \frac{n}{6}[b(2a + A) + B(2A + a)] + \frac{n}{6}(B - b)$$

这就是沈括的隙积术公式，显然堆积的物体不限于单位立方，而是对任何物体都适合的。

读者试自己编造例题，应用上举的公式计算一下。

二

　　沈括之后，宋杨辉在《详解九章算法》的商功章求积问题后面，附载"比类"的问题，他把《九章算术》的方锥、鳖臑、方亭、刍甍、壍堵、刍童共六种求体积的方法，变通而成四隅垛、三角垛、方垛、刍甍垛、屋盖垛、刍童垛的六种"垛积术"，除最后的刍童垛和沈括的方法全同外，其余都是古书所未见的。现在先把四隅垛和三角垛的级数求和方法详细讨论，然后把刍童垛以外的三种垛积级数做一简略的说明。

　　（一）四隅垛　堆物成正四棱锥的形状，因为它有缺刻或虚隙，所以不能用《九章算术》的方锥求积法来计算它的总数。这种垛积的顶层是1个，下面各层都是正方形，向下逐层每边增加1个。已知底层每边的数 n 而求总数，实际就是求自然数平方级数的总和

$$S^n=1^2+2^2+3^2+4^2+\cdots\cdots n^2$$

这个问题显然是沈括隙积术的特例，只要以 $a=b=1$，$A=B=n$ 代入沈括公式，就可以得到这个级数求总和的公式：

$$S_n = \frac{1}{6}n(n+1)(2n+1).$$

但是，杨辉的算法很特别，他的最后的因式是 $\left(n+\frac{1}{2}\right)$，而系数是 $\frac{1}{3}$，作者把原书的术文细加研究，知道他的解法可能不是根据沈括公式，而是直接利用图形，把各项不相等的数（就是尖垛各层的数）设法变作相等数（就是长方直棱柱形垛各层的数）来计算的。现在先抄录杨辉的术文，并试作注解如下：

下方（四隅垛底面正方形每边的数）加一，乘下方（同前）为平积（作为一个长方直棱柱形垛的底面总数），又加半（把四隅垛底面每边的数加 － ）为高（用来做长方直棱柱形垛的高），以乘下方（这里的"下方"似应指长方直棱柱形垛的底面总数）为高积（作为长方直棱柱形垛的总数），如三而一（以三除）。

就这术文来推测，杨辉似乎是用三个同样的四隅垛，拼合而成一个长方直棱柱形垛来计算的，例如求底层每边是5个的四隅垛总数，就是求

$$S_5 = 1^2 + 2^2 + 3^2 + 4^2 + 5^2$$

的结果，可以取三个同样的四隅垛（如图15的 a、b、c，堆积

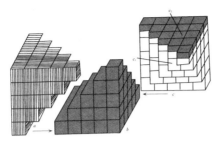

图 15

的物件是小正方体），依图中的箭头方向，把a、c拼到b的上面，这样所得的还不是一个长方直棱柱形垛，因为在c的项上还有一层高出于a。我们从这一层里削去半层（$c2$），把它旋转180°，放到a的上面，这就刚好成了一个长方直棱柱形垛，如图16。要计算这个长方直棱柱形垛内所含小正方体的总数是很便利的。因为它的长是5个，阔是（5+1）个，高是

$\left(\quad-\quad\right)$个。所以，它的总数是

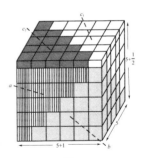

$$3S_5 = 5(5+1)\left(5+\frac{1}{2}\right)$$

从而得到每个尖垛的总数是

$$S_5 = \frac{1}{3} \cdot 5(5+1)\left(5+\frac{1}{2}\right) = 55.$$

我们从这个例子，把5推广到n，

图16

就可以得到自然数平方级数求总和的公式：

$$S_n = \frac{1}{3}n(n+1)\left(n+\frac{1}{2}\right)$$

（二）三角垛　堆物成正三棱锥的形状，也不能用《九章算术》的鳌臑求积法来计算它的总数，这种垛积的项层也是1个，下面各层都是正三角形，向下逐层每边增加1个。已知底层每边的数n而求总数，实际上就是求另外一种特殊级数的总和

$$S_n=1+(1+2)+(1+2+3)$$
$$+(1+2+3+4)+\cdots+\frac{1}{2}n(n+1).$$

其中末项 $\frac{1}{2}n(n+1)$ 就是等差级数的和1+2+3+4+……+n。

我们仿照前面的方法，利用图形来推出计算的公式，例如，求底层每边是5个的三角垛总数，就是求

$$S_n=1+(1+2)+(1+2+3)+(1+2+3+4)$$
$$+(1+2+3+4+5)$$

可以取三个同样的三角垛（如图17的a、b、c），依图示的箭头方向，把a、b拼到c的上面，就成如图18中实线所示的一个"屋盖垛"（形如阶梯）。如果取一个同样的屋盖垛，倒立着拼上去，如图18虚线所示，就得到一个长方直棱柱形垛，它的总数是5（5+1）（5+2），因为其中包含六个同样的三角垛，所以每个三角垛的总数是

$$S_5=\frac{1}{6}\cdot5(5+1)(5+2)=35.$$

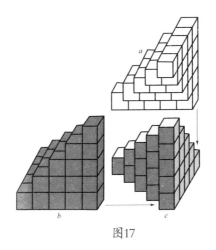

图17

由5推广到n, 就得公式:

$$S_n = \frac{1}{6}n(n+1)(n+2).$$

原书术文说:

下广加一, 乘之, 平积; 下广加二, 乘之, 立高方积; 如六而一。所谓"平积"应该是指长方直棱柱形垛的底面总数, "立高方积"应该是指长方直棱柱形垛的总数。可见上举的图形说明是和杨辉的术文相符的。

(三)方垛　这是四隅垛去掉尖顶而成平台的一种垛积, 也就是刍童垛的一个特例, 因为如果刍童垛的长、阔相等, 那就成了一个方垛。因此, 方垛求总数的方法可以利用沈括的隙积

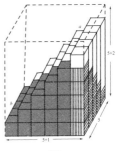

图18

术公式。

（四）刍甍垛　这是刍童垛的上方有尖顶的，它也是刍童垛的特例，就是它的顶层阔1个，也可以用沈括的隙积术公式去求总数。

（五）屋盖垛　这就是阶梯形的垛积，可参阅上面三角垛的图18中的实线部分，因为它的侧面各层的数是等差级数，所以求总数的方法非常简单，这里就不必细讲了。

从上举杨辉的各种垛积，总的看来，底面是正方或长方的都有尖垛和平垛两种，但底面是正三角形的却只有尖垛一种。其中所缺的正三角平垛，在明程大位的《算法统宗》里曾经谈到它的解法，是假定在顶层上方补以虚积，使成尖垛，用三角垛的公式分别求得全积和虚积相减而得的。

三

　　前述的各种垛积，就是西洋数学中的"积弹"，其中各层的数就是近世代数学里的"高阶等差级数"，例如杨氏的四隅垛中各层的数是自然数的平方，虽然各相邻项的差数不等，和等差级数不同，但这些差数却成为一串等差级数，可试验如下：

$$1 \quad 4 \quad 9 \quad 16 \quad 25 \quad 36 \quad 49\cdots\cdots$$
$$3 \quad 5 \quad 7 \quad 9 \quad 11 \quad 13\cdots\cdots$$
$$2 \quad 2 \quad 2 \quad 2 \quad 2\cdots\cdots$$

上式第一列的数是四隅垛各层的数，第二列的数是第一列中左右两相邻数的差，第三列的数是第二列中左右两相邻数的差，因为第三列的数完全相等，所以第二列的数是等差级数，又叫"一阶等差级数"，第一列的数叫作"二阶等差级数"。二阶等差级数的意义，就是说顺次求得各项间的差虽然不等，但是第二次再顺次求各差间的差就相等了。

我们再把前述的其他各种垛积的数来试验一下，知道全都一样。

二阶等差级数是高阶等差级数的一种，中国发明得最早。在元代朱世杰的《四元玉鉴》中，除有二阶等差级数的垛积题外，还创造了许多新的垛积，其中各层的数已是三阶、四阶的等差级数，甚至还有五阶的。这就是说，这些级数在第二次顺次求得的差数仍不等，要到第三、第四、甚至第五次求得的差数才相等。

朱世杰的各种垛积求和的算法，都应该是利用贾宪三角形（就是列在他所著《四元玉鉴》开首的"古法七乘方图"）来推得的。其中比较简单的五种垛积的级数，可以由贾宪三角形直接推得求总和的公式，现在先来把它们介绍一下。

我们把朱世杰书中的古法七乘方图改换一个方向画出来，就是把一条斜边上所有的数1放到底下，使它们依水平方向排列，就得如图19的形式。

```
                                    1
                                 1     8
a6 ·············  1     7    28
a5 ···········  1     6    21    56
a4 ·········  1    5    15    35    70
a3 ·······  1    4    10    20    35    56
a2 ·····  1    3    6    10    15    21    28
a1 ···  1    2    3    4    5    6    7    8
a0 ··1    1    1    1    1    1    1    1    1
      n      n     n    n     n     n     n     n
      0      1     2    3     4     5     6     7     8
```

图19

在这图形中各列的数，a_0 中都是1，a_1 中的是等差级数，a_2 中的是二阶等差级数，a_3 中的是三阶等差级数，a_4 中的是四阶等差级数……我们在"贾宪三角形的创立"一篇中，已经知道，如果以 n 表示二项式乘方的次数，那么这些级数中的项可以表示成：

$$a_0 = 1 \quad a_1 = n \quad a_2 = \frac{(n-1)n}{1 \times 2} \quad a_3 = \frac{(n-2)(n-1)n}{1 \times 2 \times 3}$$

$$a_4 = \frac{(n-3)(n-2)(n-1)n}{1 \times 2 \times 3 \times 4} \ \cdots\cdots$$

另外，由古法七乘方图的造法（参阅"贾宪三角形的创立"），知道图19中每三个紧靠着的、列成如图20的三角形的数，左、下两数的和恒等于右数，例如，在 a_1 和 a_2 两列中，我们可得

1+2=3，3+3=6，6+4=10，

10+5=15，15+6=21。

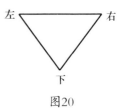

图20

把前面的四式依次代入最后的一式，就得

1+2+3+4+5+6=21

把这个关系推广起来，就可以得到一个重要的性质：在a_k一列中的前n个数的总和，一定等于a_{k+1}的一列中的第n个数。换句话说，就是在任何一列中从左端起，到某一数为止的许多数的总和，常等于这最后一数的右肩上的一个数。

朱世杰《四元玉鉴》中的"茭草形段"和"果垛迭藏"二门中，有五种比较简单的垛积级数，就是上举从a_1到a_5的五种高阶等差级数。我们由上述的性质，可以得到它们求总和的公式。现在依次记述于下。

（一）茭草垛　把草束堆成尖垛，就是"级数的初步认识"中所讲的圭垛，各层的数只是一串简单的等差级数，就是图19中a_1的数。它的前n项的总和等于a_2中的第n项，就是等于a_2中n增加1的数[1]。公式如下：

1.我们要注意：n原表示二项式乘方的次数，但是现在又把它认作级数的项数，这两者在a_1这一列中是一致的，即a_1的第n项就是$(x+y)^n$的第二项系数，在其他各列中就都不一样。在a_2中，第n项是$(x+y)^{n+1}$的第三项系数，所以a_1中前n项的总和应取a_2中n增加1的数，即需把$\frac{(n-1)n}{1\times2}$中的n增1而为$\frac{n(n+1)}{1\times2}$。同理，a_2中前n项的总和应取a_3中n增加2的数；等等。

$$S_n = 1 + 2 + 3 + 4 + \cdots\cdots + n = \frac{1}{2}n(n+1)$$

这是和《张丘建算经》求等差级数总和的方法相符的。

（二）落一形　　就是杨辉的三角垛，各层的数是一串二阶等差级数，就是图19中a_2的数。它的前n项的总和等于a_3中的第n项，就是等于a_3中n增加2的数。公式如下：

$$S_n = 1 + (1+2) + (1+2+3) + \cdots\cdots$$
$$+ (1+2+3+\cdots+n) = \frac{1}{6}n(n+1)(n+2)$$

这就是杨辉的三角垛求总和的公式。

（三）撒星形（或三角落一形）　　这是由底层每边从1个到n个的n只三角垛集合而成的（如图21），各三角垛的数是一串三阶等差级数，就是图19中a_3的数。它的前n项的总和等于a_4中的第n项，就是等于a_4中n增加3的数。公式如下：

$$S_n = 1 + (1+3) + (1+3+6) + \cdots\cdots$$
$$+ \left[1 + 3 + 6 + \cdots + \frac{1}{2}n(n+1)\right] = \frac{1}{24}n(n+1)(n+2)(n+3)$$

……

图21

（四）撒星更落一形　合n个撒星形而成，其中各个撒星形的底层每边顺次从1个到n个。各撒星形的数是一串四阶等差级数，就是前举古法七乘方图中的a_5的数。它的前n项的总和等于a_5中的第n项，就是等于a_5中n增加4的数。公式如下：

$$S_n = 1 + [1+(1+3)] + [1+(1+3)+(1+3+6)] + \cdots\cdots$$

$$+\left\{1+(1+3)+(1+3+6)+\cdots+\left[1+3+6+\cdots+\frac{1}{2}n(n+1)\right]\right\}$$

$$=\frac{1}{120}n(n+1)(n+2)(n+3)(n+4)$$

（五）三角撒星更落一形　合n个撒星更落一形而成，其中各个撒星更落一形的底层每边顺次从1个到n个。各撒星更落一形的数是一串五阶等差级数，仿上法可得公式如下：

$$S_n = 1 + [1+(1+4)] + [1+(1+4)+(1+4+10)] + \cdots\cdots$$

$$+\left\{1+(1+4)+(1+4+10)+\cdots+\left[1+4+10+\cdots+\frac{1}{6}n(n+1)(n+2)\right]\right\}$$

$$=\frac{1}{720}n(n+1)(n+2)(n+3)(n+4)(n+5)$$

以上五种垛积的级数，都是最后一次的差全是1的高阶等差级数，在近世数学中叫作"拟形数"，它们的求总和的公式已经由古法七乘方图直接观察而完全得到了。[1]

---

1. 这些级数求和的公式，我们可以归结到如下的总公式：

$$\sum_{r=1}^{n}\frac{r(r+1)(r+2)\cdots(r+p-1)}{p!}=\frac{n(n+1)(n+2)\cdots(n+p)}{(p+1)!}.$$

上式的左边表示：分式中的 r 分别以从 1 到 n 的 n 个自然数代替所得的 n 个数的和。又 $p!$ 叫作 p 的"阶乘"，就是从 1 到 p 的 p 个自然数的连乘积。以从 1 到 5 的五个自然数分别代总公式中的 p，就得前举五种垛积的公式。

四

朱世杰的《四元玉鉴》中还有几种垛积的题目，它们虽然也是高阶等差级数求和的问题，但因最后一次的相同的差数并不是1，所以不能按照上法推得求和的公式，必须找出高阶等差级数的一般性质才成。

下面先就二阶等差级数来研究它的一般性质。

设二阶等差级数的首项是a，在第一次求出的逐项的差中，第一个差（就是首、次两项的差）是b，又第二次逐项的差同是c，那么我们先在第三列连写许多个c，而在第一个c的左肩（就是第二列内，在c的左上方地位）写b，b的左肩（就是第一列内，在b的左上方地位）写a，再根据上节所讲的关系，在列于▽的三个角顶的三数中，左、下两数的和恒等于右数，可先依次写出第二列中各数，并继续写出第一列中各数如下：

$$a \quad a+b \quad a+2b+c \quad a+3b+3c \quad a+4b+4c \cdots\cdots$$

$$b \quad b+c \quad b+2c \quad b+3c \cdots\cdots$$

$$c \quad c \quad c \cdots\cdots$$

由此可知, 二阶等差级数的一般形式是

$$a \quad a+b \quad a+2b+c \quad a+3b+3c \quad a+4b+4c \cdots\cdots$$

其中顺次每两个相邻项的差

$$b \quad b+c \quad b+2c \quad b+3c \cdots\cdots$$

虽然不相等, 但是这些差数的差却同等于 c。朱世杰把 a、b、c 依次称作 "上差" "二差" "下差", 但是我们为便利起见, 可以把它们依次称作 "一差" "二差" "三差"。

又设二阶等差级数前 n 项的和是 S_n, 那么

$$S_1 = a$$

$$S_2 = a + (a + b)$$

$$S_3 = a + (a + b) + (a + 2b + c)$$

$$S_4 = a + (a + b) + (a + 2b + c) + (a + 3b + 3c)$$

$$S_5 = a + (a + b) + (a + 2b + c) + (a + 3b + 3c) + (a + 4b + 6c)$$

··

就是

$$S_1 = 1a$$

$$S_2 = 2a + 1b$$

$$S_3 = 3a + 3b + 1c$$

$$S_4 = 4a + 6b + 4c$$

$$S_5 = 5a + 10b + 10c$$

把贾宪三角形列成

1

1 1

1 2 1

1 3 3 1

1 4 6 4 1

1 5 10 10 5 1

两相比较，知道S_n的顺次各项a、b、c的系数，恰巧就是$(x+y)^n$的展开式中第二、三、四项的系数。由二项式定理，知道$(x+y)^n$的展开式中第二、三、四项的系数顺次是

$$\frac{n}{1}, \frac{(n-1)n}{1\times 2}, \frac{(n-2)(n-1)n}{1\times 2\times 3},$$

所以，可得二阶等差级数求总和的一般公式是

$$S_n = \frac{n}{1}a + \frac{(n-1)n}{1\times 2}b + \frac{(n-2)(n-1)n}{1\times 2\times 3}c$$

如果是三阶等差级数，那么假定它的首项是a，第一次求出逐项的差，其中的第一个差是b，第二次求出逐项的差，第一个差是c，而第三次求得逐项的差都是d。仿上法可得下式：

a　$a+b$　$a+2b+c$　$a+3b+3c+d$　$a+4b+6c+4d$　$a+5b+10c=10d$

$$b \quad b+c \quad b+2c+d \quad b+3c+3d \quad b+4c+6d \quad \cdots\cdots$$

$$c \quad c+d \quad c+2d \quad c+3d \quad \cdots\cdots$$

$$d \quad d \quad \cdots\cdots$$

其中第一列的数就是三阶等差级数的一般形式，朱世杰把 a、b、c、d 依次称作"上差""二差""三差""下差"。

仿前法求出这个三阶等差级数前 n 项的总和，得到和二阶等差级数相类似的情况，就是 S_n 中顺次各项 a、b、c、d 的系数是 $(x+y)^n$ 的展开式中第二、三、四、五项的系数。因此，我们得到三阶等差级数求和的公式是：

$$S_n = \frac{n}{1}a + \frac{(n-1)n}{1\times 2}b + \frac{(n-2)(n-1)n}{1\times 2\times 3}c + \frac{(n-3)(n-2)(n-1)n}{1\times 2\times 3\times 4}d$$

照此继续推广，可得任何阶等差级数求和的总公式如下：

$$S_n = \frac{n}{1}a + \frac{(n-1)n}{1\times 2}b + \frac{(n-2)(n-1)n}{1\times 2\times 3}c + \frac{(n-3)(n-2)(n-1)n}{1\times 2\times 3\times 4}d$$
$$+ \frac{(n-4)(n-3)(n-2)(n-1)n}{1\times 2\times 3\times 4\times 5}e + \cdots\cdots$$

这里的 d 叫作"四差"，e 叫作"五差"……

上举高阶等差级数求和的总公式（即一般性质），虽然在朱世杰的书里未见论述，但是，因为他的许多比较复杂的级数算法，应该都要从这个基础上建立起来，而且他对贾宪三角形和天元术都有深湛研究，已具备足够条件用代数方法创立这个公式，所以我们设想，朱世杰一定曾发现这个性质, 并且是利用它来解决各种复杂级数的求和问题的。

现在把朱世杰的其他五种垛积的求和公式列举于下, 并且选出三种来用高阶等差级数加以证明。

(一)四角落一形　由底层每边从1个到n个的n只四隅垛集合而成, 设总数为S_n, 那么

$$S_n=1+(1+4)+(1+4+9)+\cdots\cdots$$
$$+(1+4+9+\cdots\cdots+n^2)$$

列式以求各次的差, 得

1	5	14	30	55	91	……
	4	9	16	25	36	……
		5	7	9	11	……
			2	2	2	……

由上式知道各只四隅垛的总数是一串三阶等差级数, 其中

$$a=1,\ b=4,\ c=5,\ d=2,\ e=f=\cdots\cdots0$$

代入高阶等差级数求和的总公式, 得

$$S_n = \frac{n}{1}\times 1+\frac{(n-1)n}{1\times 2}\times 4+\frac{(n-2)(n-1)n}{1\times 2\times 3}\times 5$$
$$+\frac{(n-3)(n-2)(n-1)n}{1\times 2\times 3\times 4}\times 2$$

$$= \frac{1}{12}n[12 + 24(n-1) + 10(n-2)(n-1)$$
$$+ (n-3)(n-2)(n-1)]$$
$$= \frac{1}{12}n(n^3 + 4n^2 + 5n + 2) = \frac{1}{12}n(n+1)^2(n+2).$$

（二）岚峰形　每边从1个到 n 个的 n 种茭草垛，每种的垛数从1顺次到 n，即每边是1个的1垛，每边是2个的2垛……由这样集合而成。它的总数是

$$S_n = 1 \times 1 + 2(1+2) + 3(1+2+3) + \cdots\cdots$$
$$+ n(1+2+3+\cdots\cdots+n)$$
$$= \frac{1}{24}n(n+1)(n+2)(3n+1).$$

（三）三角岚峰形　底层每边从1个到 n 个的 n 种三角垛，每种的垛数从1顺次到 n，即底层每边是1个的1垛，底层每边是2个的2垛……由这样集合而成。如图22，它的总数是

$$S_n = 1 \times 1 + 2(1+3) + 3(1+3+6) + \cdots\cdots$$
$$+ n\left[1 + 3 + 6 + \cdots\cdots + \frac{1}{2}n(n+1)\right].$$

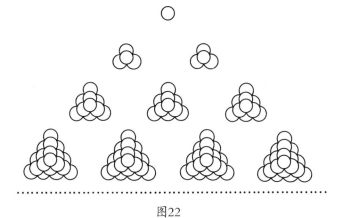

图22

列下式以求各次的差:

$$1 \qquad 8 \qquad 30 \qquad 80 \qquad 175 \qquad 336 \qquad 588 \qquad \cdots\cdots$$

$$7 \qquad 22 \qquad 50 \qquad 95 \qquad 161 \qquad 252 \qquad \cdots\cdots$$

$$15 \qquad 28 \qquad 45 \qquad 66 \qquad 91 \qquad \cdots\cdots$$

$$13 \qquad 17 \qquad 21 \qquad 25 \qquad \cdots\cdots$$

$$4 \qquad 4 \qquad 4 \qquad \cdots\cdots$$

从上式知道各种垛积的总数是一串四阶等差级数,其中

$$a=1,\ b=7,\ c=15,\ d=13,\ e=4,\ f=g=\cdots\cdots=0$$

所以 $S_n = n \times 1 + \dfrac{(n-1)n}{1 \times 2} \times 7 + \dfrac{(n-2)(n-1)n}{1 \times 2 \times 3} \times 15$

$$+ \dfrac{(n-3)(n-2)(n-1)n}{1 \times 2 \times 3 \times 1} \times 13$$

$$+ \dfrac{(n-4)(n-3)(n-2)(n-1)n}{1 \times 2 \times 3 \times 4 \times 5} \times 4$$

$$= \frac{1}{120}n[120 + 420(n-1) + 300(n-2)(n-1)$$

$$+65(n-3)(n-2)(n-1)$$

$$+4(n-4)(n-3)(n-2)(n-1)]$$

$$= \frac{1}{120}n(4n^4 + 25n^3 + 50n^2 + 35n + 6)$$

$$= \frac{1}{120}n(n+1)(n+2)(n+3)(4n+1)$$

（四）四角岚峰形　底层每边从1个到n个的n种四隅垛，每种的垛数顺次从1到n，由这样集合而成。它的总数是

$$S_n = 1 \times 1 + 2(1+4) + 3(1+4+9) + \cdots$$

$$+n\left(1+4+9+\cdots+n^2\right)]$$

$$= \frac{1}{60}n(n+1)(n+2)\left[n\left(4n+1\frac{1}{2}\right)+\left(4n+\frac{1}{2}\right)\right]$$

（五）圆锥垛积　顶层1个，第二层3个，以下奇数的层都是正六角阵，顺次每边多1个；偶数的层都是等角六角阵，也顺次每边多1个，如图23。

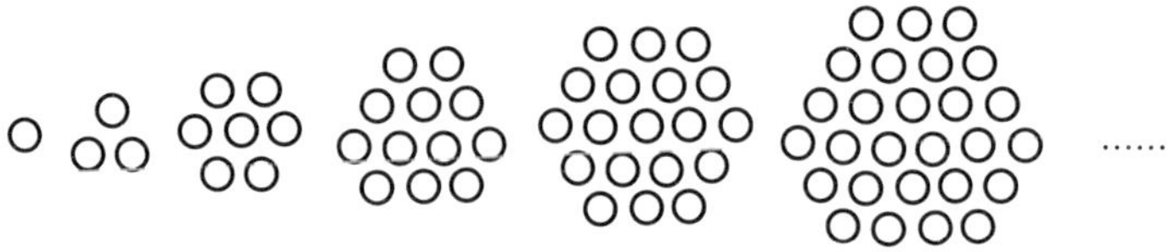

图23

先就第一、三、五……奇数的各层来研究，知道总数和"级数的初步认识"中所述的圆箭束一样，各数顺次是

$$\begin{array}{ccccccc} 1 & 7 & 19 & 37 & 61 & 91 & \cdots\cdots \\ 6 & 12 & 18 & 24 & 30 & & \cdots\cdots \\ 6 & 6 & 6 & 6 & & & \cdots\cdots \end{array}$$

所以 n 层的总数是

$$S_n = n \times 1 + \frac{(n-1)n}{1 \times 2} \times 6 + \frac{(n-2)(n-1)n}{1 \times 2 \times 3} \times 6$$

化简得 $\qquad\qquad S_n = n^3 \cdots\cdots\cdots\cdots\cdots\cdots (1)$

再就第二、四、六……偶数的各层来研究，得

$$\begin{array}{ccccccc} 3 & 12 & 27 & 48 & 75 & 108 & \cdots\cdots \\ 9 & 15 & 21 & 27 & 23 & & \cdots\cdots \\ 6 & 6 & 6 & 6 & & & \cdots\cdots \end{array}$$

所以 n 层的总数是

$$S_n = n \times 3 + \frac{(n-1)n}{1 \times 2} \times 9 + \frac{(n-2)(n-1)n}{1 \times 2 \times 3} \times 6,$$

化简得 $\qquad S_n = \frac{1}{2}n(n+1)(2n+1) \cdots\cdots\cdots\cdots (2)$

圆锥垛积的总层数是奇数或是偶数，求总数的公式完全不同，现在分述于下：

设层数 n 是偶数，那么正六角阵有 $\frac{n}{2}$ 层，由（1）式知道它的总数是 $\left(\frac{n}{2}\right)^3 = \frac{1}{8}n^3$；等角六角阵也是 $\frac{n}{2}$ 层，由（2）式知道

它的总数是 $\frac{1}{2} \times \frac{n}{2}\left(\frac{n}{2}+1\right)\left(2 \times \frac{n}{2}+1\right)=\frac{1}{8}n(n+1)(n+2)$ ，所以圆锥垛积的总数是

$$S_n = \frac{1}{8}n^3 + \frac{1}{8}n(n+1)(n+2)$$

$$= \frac{1}{8}n\left[n^2 + (n+1)(n+2)\right]$$

设层数 n 是奇数，那么正六角阵有 $\frac{n+1}{2}$ 层，由（1）式知道它的总数是 $\left(\frac{n+1}{2}\right)^3 = \frac{1}{8}(n+1)^3$；又等角六角阵有 $\frac{n-1}{2}$ 层，由（2）式知道它的总数是 $\frac{1}{2} \times \frac{n-1}{2} \times \left(\frac{n-1}{2}+1\right)\left(2 \times \frac{n-1}{2}+1\right)=\frac{1}{8}(n-1)n(n+1)$，所以圆锥垛积的总数是

$$S_n = \frac{1}{8}(n+1)^3 + \frac{1}{8}(n-1)n(n+1)$$

$$= \frac{1}{8}(n+1)\left[(n+1)^2 + n(n-1)\right].$$

我们在前面所举的从菱草垛起的五种垛积，以及沈括和杨辉的各种垛积问题，也都可以仿照上面的例子，利用高阶等差级数求和的总公式来解，读者可以自己尝试。

五

《四元玉鉴》中的"茭草形段"又记载了两个茭草值钱的问题，"果垛迭藏"还有两个果垛值钱问题。前者是把茭草堆成圭垛，假定由上而下（正）或由下而上（反）逐层的价格以同数递增，逐层的总价是两串同项数的一阶等差级数各相当项的积。后者是把果子堆成三角垛或四角垛，由上而下（正）或由下而上（反）逐层的价格也以同数递增，逐层的总价是一串二阶等差级数和一串同项数的一阶等差级数各相当项的积。现在分述于下。

（一）茭草垛值钱（正）　设有茭草垛级数1、2、3…n和等差级数a、$a+1b$、$a+2b$…$a+\overline{n-1}b$，顺次的相当项各相乘，所得各积的和是

$$S_n = 1(a) + 2(a+1b) + 3(a+2b) + \cdots\cdots + n(a+\overline{n-1}b)$$

用下式求各次的差：

$$a \quad 2a+2b \quad 3a+6b \quad 4a+12b \quad 5a+20b \quad \cdots\cdots$$

$$a+2b \quad a+4b \quad a+6b \quad a+8b \quad \cdots\cdots$$

$$2b \quad\quad 2b \quad\quad 2b \quad\quad \cdots\cdots$$

可见原式的各项是二阶等差级数,

一差$=a$, 二差$=a+2b$, 三差$=2b$, 以下各差$=0$。

由高阶等差级数求和的公式, 得

$$S_n = n \times a + \frac{(n-1)n}{1 \times 2} \times (a+2b) + \frac{(n-2)(n-1)n}{1 \times 2 \times 3} \times 2b$$

化简得 $\quad\quad S_n = \dfrac{1}{6} n(n+1)(2bn+3a-2b)$

（二）茭草垛值钱（反）　设有茭草垛级数1、2、$3 \cdots n-1$、n和等差级数$a+\overline{n-1}b$ 、$a+\overline{n-2}b$ 、$a+\overline{n-3}b \cdots a+1b$ 、a, 顺次的相当项各相乘, 所得各积的和, 仿上法可得

$$S_n = 1(a+\overline{n-1}b) + 2(a+\overline{n-2}b) + \cdots$$

$$+(n-1)(a+1b) + n(a)$$

$$= \frac{1}{6} n(n+1)(bn+3a-b).$$

（三）三角垛值钱（正）　设有三角垛级数1、3、$6 \cdots$ $\frac{1}{2} n(n+1)$, 和如（一）的等差级数的相当项各相乘, 所得各积的和是

$$S_n = 1(a) + 3(a+1b) + 6(a+2b) + \cdots$$

$$+ \frac{1}{2} n(n+1)(a+\overline{n-1}b).$$

用下式求各次的差：

$$a \qquad 3a+3b \qquad 6a+12b \qquad 10a+30b \qquad 15a+60b \qquad \cdots\cdots$$

$$2a+3b \qquad 3a+9b \qquad 4a+18b \qquad 5a+30b \qquad \cdots\cdots$$

$$a+6b \qquad a+9b \qquad a+12b \qquad \cdots\cdots$$

$$3b \qquad 3b \qquad \cdots\cdots$$

可见原式的各项是三阶等差级数，

$$一差=a, \ 二差=2a+36, \ 三差=a+6b, \ 四差=3b,$$

$$以下各差=0,$$

仍用高阶等差级数公式，得

$$S_n = n \times a + \frac{(n-1)n}{1 \times 2} \times (2a+3b)$$

$$+ \frac{(n-2)(n-1)n}{1 \times 2 \times 3} \times (a+6b)$$

$$+ \frac{(n-3)(n-2)(n-1)n}{1 \times 2 \times 3 \times 4} \times 3b$$

化简得
$$S_n = \frac{1}{24} n(n+1)(n+2)(3bn+4a-3b).$$

（四）四角垛值钱（反）　设有四角垛级数 $1 \cdot 4 \cdot 9 \cdot \cdots n_2$

和如（二）的等差级数的相当项各相乘，所得各积的和是

$$S_n = 1(a+\overline{n-1}b) + 4(a+\overline{n-2}b) + \cdots$$

$$+ (n-1)^2(a+1b) + n^2(a)$$

$$= \frac{1}{3}an\left(n+\frac{1}{2}\right)(n+1) + \frac{1}{12}bn^2\left(n^2-1\right).$$

其他还有三角垛值钱（反）和四角垛值钱（正）两种，在原书里是缺掉的，读者可以依法创立公式，用来补该书的不足。

插值法的历史发展

　　中国古代的盈不足术，就是一次招差术，相当于近世数学中的一次差插值法（或称直线插值法）。这已经在《中国算术故事》的"盈亏算法和它的应用"中讲过了。

　　我们从盈不足术，知道如果$a<b$，已知a, b, $f(a)$, $f(b)$的各个值，而且又知道一个数m（$a<m<b$），那么要去求出$f(m)$的值（函数是一次时，求出的是真值，否则是近似值），应该用一次差插值法。由此加以推广，如果自变量由小到大的各个值是$a<b<c<d<e$，而且$b-a=c-b=d-c=e-d$，它们的对应函数值是$f(a)$, $f(b)$, $f(c)$, $f(d)$, $f(e)$，再设这些函数值的第一次差是

$$\triangle_1=f(b)-f(a), \quad \triangle_2=f(c)-f(b),$$

$$\triangle_3=f(d)-f(c), \quad \triangle_4=f(e)-f(d)$$

第二次差是$\triangle_1^2=\triangle_2-\triangle_1$, $\triangle_2^2=\triangle_3-\triangle_2$, $\triangle_3^2=\triangle_4-\triangle_3$

第三次差是$\triangle_1^2=\triangle_2^2-\triangle_1^2$, $\triangle_2^3=\triangle_3^2-\triangle_2^2$,

第四次差是 $\triangle_1^4 = \triangle_2^3 - \triangle_1^3$[1]，

那么当 $\triangle_1^2 = \triangle_2^2 = \triangle_3^2 \neq 0$，而 $\triangle_1^3 = \triangle_2^3 = 0$ 时，$f(a)$，$f(b)$……一定是二次函数，只要知道 a，b，c 和 $f(a)$，$f(b)$，$f(c)$ 三组对应值，就可以求出 $f(m)$ 的值（$a < m < b$），这样所用的算法叫作二次差插值法（即抛物线插值法或二次招差术）[2]。如果 $\triangle_1^3 = \triangle_2^3 = 0$，而 $\triangle_1^4 = 0$，那么 $f(a)$，$f(b)$……一定是三次函数，已知 a，b，c，d 和 $f(a)$，$f(b)$，$f(c)$，$f(d)$ 四组对应值，也可求 $f(m)$ 的值，这样所用的算法叫作三次差插值法（即立方抛物线插值法或三次招差术）。因为 $b-a = c-b = d-c$，所以上述两种插值法都是自变量"等闲距"插值法，如果已知 a，b，d 和它们的二次函数 $f(a)$，$f(b)$，$f(d)$，那么因为 $b-a \neq d-b$，所以这时所用的插值法应该叫自变量"不等间距"二次差插值法。无论已知的自变量等间距或不等间距，如果是二次（或三次）函数，那么在应用二次（或三次）差插值法时，自变量的插入数值 m 不一定要介于开首两个已知值 a 和 b 之间，可以是任意的数值。关于这一点，只要回顾一下以前讲过的一次差插值法，它对一次函数来说，不仅适

---

1. $\triangle$ 右上角的小数字表示第几次差的次数（如果是第一次差，1 字省略），右下角的小数字表示某次差中的第几个数，例如 $\triangle_2^2$ 表示第二次差中的第二个数，$\triangle_1^3$ 表示第三次差中的第一个数（即三差）。

2. 如果 $\triangle_1^3$ 仍不等于零，那么 $f(a)$ 等就不是二次函数，这时也可以用二次差插值法求 $f(m)$ 的值，但所得的是近似值，后面要提到。

用于"盈不足"问题,同时也能适用于"两盈"或"两不足"的问题,那就可以完全明白了。

隋代刘焯(544–610年)在创制《皇极历》时,首先考虑到太阳视运动速度的不均匀性,因而发明了等间距二次差插值法,用来计算每日太阳的运动速度。后来唐代一行在创制《大衍历》时又发明了不等间距二次差插值法,用来解决同样的问题,把插值法的计算推进了一步。到了元代,制作《授时历》的郭守敬(1231–1316年)和王恂(1235–1281年)更利用等间距三次差插值法来做这个计算,把这个算法叫作"平立定三差法"。

关于太阳视运动的不均匀性,原由北齐时(550–577年)的张子信首先发现,但把它应用到历法计算上是由刘焯开始的,据天文观测的结果,太阳从冬至点到春分点,平均计算原该行91.31…日,而实际每在冬至后89.00…日太阳已到春分点,这叫作"盈历",又夏至后93.63…日太阳才到秋分点,这叫作"缩历",并且,逐日盈、缩的数或由多而少,或由少而多,绝对不是平均的。刘焯对这一点的认识还不完全正确,所以他计算太阳行度,是用时间间距相等的插值法;而一行提出了较正确的"定气"概念,他认为每两个节气间太阳在黄道上所行的度数虽然相同,但时间间距是不同的,由此发明了不等间距的插值法公式,这在我国的数学史上显然是一个进步。

六世纪后，我国在历法计算上广泛应用插值法，例如李淳风应用刘焯的方法计算《麟德历》（664年），徐昂应用一行的方法计算《宣明历》（822年），秦九韶《数书九章》"缀术推星"题也用一行的方法求"日差"。元朱世杰的《四元玉鉴》中又把插值法运用到高等级数的研究方面，并且给它定名为"招差术"。此前，秦九韶中《数书九章》里也曾应用插值法做级数计算，但仅有比较简单的一个题目，他把这个算法称做"招法"。

中国的插值法最初应用于历法计算，后来才发展到级数论。这样从历法上的实践，逐步提高而发展成为数学理论，然后再回到实践中去，是和人类认识世界的客观规律符合的。

我国从六世纪开始到十三世纪，各方面已经普遍应用插值法的计算，至于在国外，要到十七世纪，才有牛顿首先提出了插值法的一般公式，莱布尼兹又利用插值法计算立方数，但是他们比刘焯迟了一千多年，比郭守敬和朱世杰也迟了约四百年。中国在这方面的伟大成就，也应该在世界数学史上占有光辉的一页。

二

这里首先把刘焯的等间距二次差插值法扼要介绍一下。

设在函数$f(x)$中，自变量x的值逐次从a得到一个增量h而变化，就是自变量x的值逐渐变化，依次是

$$a, \quad a+h, \quad a+2h, \quad a+3h, \quad \cdots\cdots$$

或总的表示为$x=a+nh$（这里的$a+nh$无显然是上列各数中的第$n+1$个数），那么相应的函数值也逐渐变化，依次是

$$f(a), \quad f(a+h), \quad f(a+2h), \quad f(a+3h), \quad \cdots\cdots$$

我们按照高阶等差级数，逐次求出这些函数值的一差、二差、三差……就得

$$f(a) \quad f(a+h) \quad f(a+2h) \quad f(a+3h) \quad \cdots\cdots$$

$$f(a+h)-f(a) \quad f(a+2h)-f(a+h) \quad f(a+3h)-f(a+2h)\cdots\cdots$$

（即一差，略作$\triangle_1$）　（略作$\triangle_2$）（略作$\triangle_3$）

$$\triangle_2-\triangle_1 \qquad \triangle_3-\triangle_2\cdots\cdots$$

（即二差，略作 $\triangle_2^2$）（略作 $\triangle_1^2$）

$$\triangle_2^2 - \triangle_1^2 \qquad \cdots\cdots$$

（即三差，略作 $\triangle_1^3$）

这里必须注意：在上一篇"高阶等差级数的阐明"里，原是把高阶等差级数的首项作为"一差"，第一次顺次求得每两项的差（就是第二列的数）的首项作为"二差"的，但因在刘焯的插值法中，所求的不是总和而是级数中的某一项，并且各列开首 n 项的和再加进上列的首项，恒等于上列的第 $n+1$ 项，所以我们为了要利用求第二列中前 n 项总和的方法，来求第一列中的第 $n+1$ 项，就把第二列数的首项改作"一差"了，以下"二差"等等也就跟着改变了。

在上式中，因为第一列的 $f(a)$ 的左方可以看作有一个数0，而 $f(a)$ 和0两个相邻数的差是 $f(a)$，所以在第二列内 $\triangle_1$ 的右方可以补写一个数 $f(a)$，得式

$$f(a) \quad f(a+h) \quad f(a+2h) \quad f(a+3h) \quad f(a+4h) \quad \cdots\cdots$$
$$f(a) \qquad \triangle_1 \qquad \triangle_2 \qquad \triangle_3 \qquad \triangle_4 \cdots\cdots$$
$$\triangle_1^2 \qquad \triangle_2^2 \qquad \triangle_2^3 \cdots\cdots$$
$$\triangle_1^3 \qquad \triangle_2^3 \cdots\cdots$$
$$\cdots\cdots\cdots\cdots\cdots$$

根据上面一篇"高阶等差级数的阐明"第三节中讨论的古法七乘方图的性质，也就是对于任何高阶等差级数都

能适合的一个重要性质, 我们知道, 上式第一列中的第n+1
个函数值, 即f(a+nh), 应该等于第二列中开首n-1个数的总
和, 就是

$$f(x)=f(a+nh)=f(a)+\triangle_1+\triangle_2+\triangle_3+\cdots+\triangle_n$$

再根据上一篇第四节中的高阶等差级数求和的总公
式, 得

$$\triangle_1+\triangle_2+\triangle_3+\cdots\triangle_n=\frac{n}{1}\triangle_1+\frac{(n-1)n}{1\times2}\triangle_1^2$$

$$+\frac{(n-2)(n-1)n}{1\times2\times3}\triangle_1^3+\cdots$$

代入前式, 就得

$$f(x)=f(a)+\frac{n}{1}\triangle_1+\frac{(n-1)n}{1\times2}\triangle_1^2+\frac{(n-2)(n-1)n}{1\times2\times3}\triangle_1^3+\cdots$$

如果f(x)是二次函数, 那么顺次各函数值是一串二阶等差
级数, 二差$\triangle_1^2$的一列中各数都相等, 而三差$\triangle_1^3$的一列中各
数都等于零, 这样一来, 就得

$$f(x)=f(a)+\frac{n}{1}\triangle_1+\frac{(n-1)n}{1\times2}\triangle_1^2$$

$$=f(a)+\frac{n}{1}\triangle_1+\frac{(n-1)n}{1\times2}(\triangle_2-\triangle_1)$$

设$\triangle_1+\triangle_2=s$, $\triangle_1-\triangle_2=d$, 那么$\triangle_1=\frac{s}{2}+\frac{d}{2}$, $\triangle_1-\triangle_2=-d$, 代
入上式: 得

$$f(x)=f(a)+\left[\frac{ns}{2}+\frac{nd}{2}+\frac{n(1-n)d}{2}\right]$$

$$= f(a) + \left[\frac{ns}{2} + nd - \frac{n^2 d}{2} \right]$$

这就是刘焯所应用的等间距二次差插值法公式。

下面先行举例来检验这个公式的正确性：

例如二次函数

$$f(x) = f(a + nh) = x^2 - x + 5,$$

设 $a = 0$，$h = 1$，$n = 0, 1, 2, 3, 4, 5, 6, \cdots$ 那么

$$x = 0, 1, 2, 3, 4, 5, 6, \cdots$$

由此可得 $f(x) = 5, 5, 7, 11, 17, 25, 35 \cdots\cdots$

列 $f(x)$ 的顺次各数值，求它们的一差、二差……如下式：

$$
\begin{array}{ccccccc}
5 & 5 & 7 & 11 & 17 & 25 & 35 \quad \cdots\cdots \\
& 0 & 2 & 4 & 6 & 8 & 10 \quad \cdots\cdots \\
& & 2 & 2 & 2 & 2 & 2 \quad \cdots\cdots \\
& & & 0 & 0 & 0 & 0 \quad \cdots\cdots
\end{array}
$$

由此式中的 $f(x)$ 的开首三个数值，可知 $f(a) = 5$，$s = \triangle_1 + \triangle_2 = 0 + 2 = 2$，$d = \triangle_1 - \triangle_2 = 0 - 2 = -2$。如果要验算 $f(5)$ 的数值是不是 25，因 $x = a + nb$ 就是 $5 = 0 + n \times 1$，所以，$n-5$ 代入公式，得

$$f(5) = 5 + \left[\frac{5 \times 2}{2} + 5 \times (-2) - \frac{5^2 \times (-2)}{2} \right] = 25$$

正确无误。

又由此式中的$f(0)=5, f(3)=11, f(6)=35$，列式

$$5 \qquad 11 \qquad 35$$
$$6 \qquad 24$$

可知$f(a)=5$，$s=\triangle_1+\triangle_2=6+24=30$，$d=\triangle_1-\triangle_2=6-24=-18$。如果要验算$f(2)$的数值是不是7，因$h=3-0=6-3=3$，而$x=a+nb$就是$2=0+3n$，所以$n=\dfrac{2}{3}$，代入公式，得

$$f(2)=5+\left[\frac{\frac{2}{3}\times 30}{2}+\frac{2}{3}\times(-18)-\frac{\left(\frac{2}{3}\right)^2\times(-18)}{2}\right]=7,$$

也是正确的。

由此可知，如果已知自变量由小到大的三个值a, b, c（$b-a=c-b$）和它们的对应函数值$f(a), f(b), f(c)$，那么由等间距的二次差插值法公式，可以求$f(m)$的值，这里的m可以是大于c（或小于a）的数值，也可以是介于自变量的两个已知值之间的任何数值。[1]

下面再举些应用这个公式的例子。插值法原是在不知道函数的确实形式，而只知它的自变量和函数的某几个对应值时，用来求插入的其他函数值的。在上例中，如果我们不知道原函数的形式是$f(x)=x^2-x+5$，而只知自变量和函数

1.这就是说，这个插值法公式中的n不但可以是正整数，也可以是负整数或正、负分数，关于这一点，是和二项式定理中的n可以是任何有理数的情况相类似的，这里不去详细说明了。

的三组等间距对应值：

x	0	1	2
$f(x)$	5	5	7

那么，由插值法公式，就可以求自变量是0和1之间的数时的对应函数值。例如，要求$f(0.7)$，因为$a=0$，$h=1$，$n=\dfrac{x-a}{h}=\dfrac{0.7-0}{1}=0.7$，并且由

$$5 \qquad 5 \qquad 7 \quad \cdots\cdots$$
$$\qquad 0 \qquad 2 \quad \cdots\cdots$$

知道$f(a)=5$，$s=0+2=2$，$d=0-2=-2$，所以由公式得

$$f(0.7)=5+\left[\frac{0.7\times2}{2}+0.7\times(-2)-\frac{0.7^2\times(-2)}{2}\right]=4.79$$

验算：以$x=0.7$代入原函数式，得$f(0.7)=0.7^2-0.7+5=4.79$，和上面求到的数是符合的。

如果自变量的插入数值不在开首两个已知x值之间，而是其他任意数值，那么也可以用同法求出它的对应函数值。

例如，要求$f(9)$，仿上法可得

$$f(9)=5+\left[\frac{9\times2}{2}+9\times(-2)-\frac{9^2\times(-2)}{2}\right]=77.$$

验算得$f(9)=9^2-9+5=77$，也是符合的。

由于上例中的函数是二次函数（图象是抛物线），所以

用二次差插值法求得的插入函数值，无论自变量的插入值
m是什么数，都是绝对精确的，如果是一次和二次以外的函
数，那么它们的图象是抛物线以外的其他曲线，用二次差
插值法只能是用抛物线来近似地代替这种曲线。因为这抛
物线和这曲线在$x=a$和$x=b$之间的一段比较起来是相当接近
的，所以，对于自变量的插入数值m（$a<m<b$），我们可以求
得它的函数的近似值。

在前举二次差插值法公式的证明中，引用了高阶等
差级数求和的总公式，而这个求和公式又需以贾宪三角形
做根据。在刘焯的时代，似乎还没有像贾宪三角形那样的
东西，那么刘焯怎样会创造出这一个插值法公式来呢？据
作者的推测，由于二次差插值法所用到的只是二阶等差级
数，形式比较简单，创立公式时也只需用到二项式定理中第
二、第三两项的系数，这两个系数的一般形式是不一定要依
靠贾宪三角形才能求得的，所以刘焯就有可能从《九章算
术》刘徽注的等差级数求和法得到第三项的系数，从而发
明了这一种插值法的计算。

三

其次来介绍郭守敬的"平立定三差法"，就是等间距三次差插值法。

郭守敬计算冬至后太阳运行逐日盈缩的数，用的是等间距三次差插值法。这个方法是刘焯二次差插值法的推广，我们只要仿照上节的方法，假定三差$\triangle_1^3$的一列中各数都相等，而四差$\triangle_1^4$的一列中各数都等于零，就是原函数是三次函数，那么

$$\triangle_1 + \triangle_2 + \triangle_3 + \cdots + \triangle_n = \frac{n}{1}\triangle_1 + \frac{(n-1)\,n}{1\times 2}\triangle_1^2$$
$$+ \frac{(n-2)(n-1)\,n}{1\times 2\times 3}\triangle_1^3$$

$$\therefore \quad f(x) = f(a) + \frac{n}{1}\triangle_1 + \frac{(n-1)\,n}{1\times 2}\triangle_1^2 + \frac{(n-2)(n-1)\,n}{1\times 2\times 3}\triangle_1^3$$

用以上两式中的第一式可以求"盈缩积"，就是太阳逐日盈缩数的总和，而第二式就是等间距三次差插值法的公式，

郭守敬把一差 $\triangle_1$ 称作"加分"，二差 $\triangle_1^2$ 称作"平立合差"，三差 $\triangle_1^3$ 称作"加分立差"。

如果不知道函数的确实形式，而只知道自变量和函数的四组等间距对应值，那么就可以由上举公式求得插入的其他函数值。

例如在某一个三次函数中，已知自变量和函数的四组等间距函数值：

x	0	1	2	3
$f(x)$	0	4	18	48

要求 $f(7)$，因为 $a=0$，$h=1$，$n = \dfrac{x-a}{h} = \dfrac{7-0}{1} = 7$，并且由知

$$0 \quad 4 \quad 18 \quad 48$$
$$4 \quad 14 \quad 30$$
$$10 \quad 16$$
$$6$$

道 $f(a)=0$，$\triangle_1=4$，$\triangle_1^2=0$，$\triangle_1^3=6$，所以由公式得

$$f(7) = 0 + \frac{7}{1} \times 4 + \frac{(7-1) \times 7}{1 \times 2} \times 10 + \frac{(7-2) \times (7-1) \times 7}{1 \times 2 \times 3} \times 6$$

$$= 0 + 28 + 210 + 210 = 448$$

实际上，我们如果在上举列成三角形的十个数中，第四

列依次添写四个6（就是使三差的一列中各数都相等）；再在第三列中按照左、下两数和等于右数的性质，用加法添写出四个数；同法在第二列中也添写出四个数；最后就可在首列中添写出四个函数值（参阅下面的式子）。我们看到最后的一个函数值（$n=7$）确实是448，和利用公式求得的结果是相符的。

$$0 \quad 4 \quad 18 \quad 48 \quad 100 \quad 180 \quad 294 \quad 448$$
$$4 \quad 14 \quad 30 \quad 52 \quad 80 \quad 114 \quad 154$$
$$10 \quad 16 \quad 22 \quad 28 \quad 34 \quad 40$$
$$6 \quad 6 \quad 6 \quad 6 \quad 6$$

上例也可以利用待定系数法来求，由$f(0)=0$，$f(1)=4$，$f(2)=18$，$f(3)=48$，得四元一次方程组，解这个方程组，就得原函数式中各项的系数顺次是1，2，1，0，原函数是$f(x)=x^3+2x^3+x$，然后以$x=7$代入验算，结果也得448，读者不妨自己加以试验。

用三次差插值法求三次函数的值，是绝对精确的；但求其他函数值时就只能用立方抛物线来近似地代替其他曲线，所得的是近似值。

从等间距的一次差、二次差和三次差插值法，总的看来，我们得到几条规律：（1）由n次差插值法（$n=1,2,3$）只能得n次函数的精确值，对其他函数来说，所得的都是近似值，（2）n 次差插值法必须已知自变量和函数的 $n+1$ 组对应值，才能求得插入的函数值，（3）用 n 次差插值法求 n 次函数的值时，自变量的插入数值可以是任何数；求非 n 次函数的近似值时，插入数值宜在自变量的开首两个已知值之间，否则可能有过于大的误差，是不很相宜的。

四

本节继续谈到一行的不等间距二次差插值法。

设在函数 $f(x)$ 中，自变量 x 的值由 a 变到 b，再由 b 变到 c，而 $b-a=h_1$，$c-b=h_2$，$h_1 \neq h_2$（这就表示 a、b、c 之间是不等间距的），那么 $c-a=h_1-h_2$。仿前法列式，求出一差和二差（三差是零）如下：

$$f(a) \qquad\qquad f(b) \qquad\qquad f(c)$$

$$(b)-f(a) \qquad\qquad (c)-f(b)$$

$$(即一差，略作 \triangle_1) \qquad\qquad (略作 \triangle_2)$$

$$\triangle_2 - \triangle_1$$

$$(即二差)$$

一行由已知的 a、b、c 和 $f(a)$、$f(b)$、$f(c)$ 三组对应值，求出 x 由 a 得到一个增量 h 后的函数值，所用的公式如下：

$$f(x) = f(a+h) = f(a) + h \cdot \frac{\triangle_1 + \triangle_2}{h_1 + h_2} + h\left(\frac{\triangle_1}{h_1} - \frac{\triangle_2}{h_2}\right)$$

$$-\frac{h^2}{h_1+h_2}\left(\frac{\triangle_1}{h_1}-\frac{\triangle_2}{h_2}\right)$$

一行的这个公式怎样得到的，尚待继续探究，这里仅从近世数学中的插值法公式把它化出来，借此证明它的正确性。近世数学中的不等间距二次差插值法公式是

$$f(x)=f(a)+(x-a)f(a,b)+(x-a)(x-b)f(a,b,c)$$

其中 $f(a,b)=\dfrac{f(a)}{a-b}+\dfrac{f(b)}{b-a}$,

$$f(a,b,c)=\frac{f(a)}{(a-b)(a-c)}+\frac{f(b)}{(b-a)(b-c)}+\frac{f(c)}{(c-a)(c-b)}.$$

因为

$$=\frac{h_1[f(c)-f(b)]-h_2[(f(b)-f(a)]}{h_1h_2(h_1+h_2)}=\frac{h_1\triangle_2-h_2\triangle_1}{h_1h_2(h_1+h_2)}$$

$$\frac{f(a)}{(a-b)(a-c)}+\frac{f(b)}{(b-a)(b-c)}+\frac{f(c)}{(c-a)(c-b)}$$

$$=\frac{f(a)}{(b-a)(c-a)}-\frac{f(b)}{(b-a)(c-b)}+\frac{f(c)}{(c-a)(c-b)}$$

$$=\frac{f(a)}{h_1(h_1+h_2)}-\frac{f(b)}{h_1h_2}+\frac{f(c)}{h_2(h_1+h_2)}$$

$$=\frac{h_2f(a)-h_1f(b)-h_2f(b)+h_1f(c)}{h_1h_2(h_1+h_2)}$$

$$=\frac{h_1[f(c)-f(b)]-h_2[(f(b)-f(a)]}{h_1h_2(h_1+h_2)}=\frac{h_1\triangle_2-h_2\triangle_1}{h_1h_2(h_1+h_2)}$$

所以上举的公式就是

$$f(x) = f(a) + (x-a) \cdot \frac{\Delta_1}{h_1} + (x-a)(x-b) \cdot \frac{h_1\Delta_2 - h_2\Delta_1}{h_1 h_2 (h_1 + h_2)}.$$

设 $x = a + h$，那么

$$x - a = h, \quad x - b = a + h - b = h - (b - a) = h - h_1$$

$$\therefore \quad f(x) = f(a + h) = f(a) + h\frac{\Delta_1}{h_1} + h(h - h_1) \cdot \frac{h_1\Delta_2 - h_2\Delta_1}{h_1 h_2 (h_1 + h_2)}$$

$$= f(a) + h\left[\frac{\Delta_1}{h_1} + h_1 \cdot \frac{h_2\Delta_1 - h_1\Delta_2}{h_1 h_2 (h_1 + h_2)} - h \cdot \frac{h_2\Delta_1 - h_1\Delta_2}{h_1 h_2 (h_1 + h_2)} \right]$$

$$= f(a) + h\left[\frac{\Delta_1}{h_1} + \frac{\Delta_1}{h_1 + h_2} + \frac{-h_1\Delta_2}{h_2 (h_1 + h_2)} - \frac{h}{h_1 + h_2} \cdot \frac{h_2\Delta_1 - h_1\Delta_2}{h_1 h_2} \right]$$

$$= f(a) + h\left[\frac{\Delta_1}{h_1} + \frac{\Delta_1}{h_1 + h_2} + \frac{h_2\Delta_2 - (h_1\Delta_2 + h_2\Delta_2)}{h_2 (h_1 + h_2)} - \frac{h}{h_1 + h_2}\left(\frac{\Delta_1}{h_1} - \frac{\Delta_2}{h_2} \right) \right]$$

$$= f(a) + h\left[\frac{\Delta_1}{h_1} + \frac{\Delta_1}{h_1 + h_2} + \frac{\Delta_2}{h_1 + h_2} - \frac{\Delta_2}{h_2} - \frac{h}{h_1 + h_2}\left(\frac{\Delta_1}{h_1} - \frac{\Delta_2}{h_2} \right) \right]$$

$$= f(a) + h\left[\frac{\Delta_1 + \Delta_2}{h_1 + h_2} + \left(\frac{\Delta_1}{h_1} - \frac{\Delta_2}{h_2} \right) - \frac{h}{h_1 + h_2}\left(\frac{\Delta_1}{h_1} - \frac{\Delta_2}{h_2} \right) \right]$$

$$= f(a) + h \cdot \frac{\Delta_1 + \Delta_2}{h_1 + h_2} + h\left(\frac{\Delta_1}{h_1} - \frac{\Delta_2}{h_2} \right) - \frac{h^2}{h_1 + h_2}\left(\frac{\Delta_1}{h_1} - \frac{\Delta_2}{h_2} \right).$$

这就是一行的不等间距二次差插值法公式。

现在把这个公式的应用举例于下。

例如在某一个二次函数中，已知自变量和函数的三组不等间距对应值：

x	5	7	13
$f(x)$	25	47	161

要求$f(9)$。因为$a=5$，$h_1=7-5=2$，$h_2=13-7=6$，并且由

$$25 \quad 47 \quad 161$$
$$22 \quad 141$$

知道$f(a)=25$，$\triangle_1=22$，$\triangle_3=144$，另外还知道$h=9-5=4$，所以由公式得

$$f(9) = 25 + 4 \cdot \frac{22+114}{2+6} + 4\left(\frac{22}{2} - \frac{114}{6}\right) - \frac{4^2}{2+6}\left(\frac{22}{2} - \frac{114}{6}\right)$$

$$= 25 + 68 - 32 + 16 = 77$$

我们来验算一下，取求得的$f(9)=77$，连已知的$f(5)=25$，$f(7)=47$，$f(13)=161$，一并列在下面的表中：

	$f(5)$	$f(7)$	$f(9)$	$f(11)$	$f(13)$
首 列	25	47	77		161
次 列		22	30		
末 列		8			

由于首列的数是$x=5$，7，9，11，13时的$f(x)$值，而这时的x是等间距的，所以可利用二阶等差级数的性质，补出上表空格内的数。先在末列的两个空格内都写8（因三差的一列中各数都相等），再在次列的30右方两个空格内写30+8=38和

38+8=46，最后就可写出首列空格内的数是77+38=115，得下式：

$$25 \quad 47 \quad 77 \quad 115 \quad 161$$

$$22 \quad 30 \quad 38 \quad 46$$

$$8 \quad 8 \quad 8$$

这里在右上角的三数中，验得115和46的和恰等于另一数（就是题中的已知数）161，所以知道求得的$f(9)=77$是正确的。

上例也可以用待定系数法，求得原函数是x^2-x+5，然后以$x=9$代入验算。

五

最后，我们再谈谈朱世杰在级数研究方面所应用的插值法——招差术。

朱世杰《四元玉鉴》中的"如象招数"一门，载招差术问题五个，以招集工人或兵士，并分别支银或给米为题。其中逐日所招的人数是二阶到四阶的高阶等差级数，例如依连续平方数招人，共招n日，那么逐日所招的人数顺次是1^2、2^2、3^2、$\cdots n^2$，又设招来的人逐日给银、米等物，因在规定期限内先来的所经日数多，给物数也多，后来的依次减少，其中先后所来的各人在期限内共给的物数是等差级数。例如每人每日所给物为1，共给n日，那么第一日来的到第n日每人共给物n，第二日来的到第n日每人共给物$(n-1)\cdots$，依次成等差级数n，n-1，n-2，$\cdots$2，1。把上述的并在一起来说：如果依连续平方数招人，共招n日，已招的每人每日所给物数是1，那么第一日招的是1^2人，到第n日共给物$1^2 \times n$；第二日招的是2^2人，到第n日共给物$2^2 \times (n+1)$；第三日招的是3^2人，到第n日共给物$3^2 \times (n-2)$……第n日招的是n^2人，在本日共给物$n^2 \times 1$。于是得n日内所招得的总人数是

$$1^2+2^2+3^2+\cdots\cdots+n^2$$

n日内所给的总物数是

$$1^2 \times n+2^2 \times (n-1)+3^2 \times (n-2)+\cdots\cdots+n^2 \times 1$$

招差术的问题，就是求总人数和总物数的问题，前者的各项是高阶等差级数，和普通的垛积一样；后者是高阶等差级数和项数相同的等差级数各相当项的积，和果垛值钱一样。照这样看来，朱世杰的招差术实际和垛积术类似，它不像刘焯等人的插值法那样只求高阶等差级数中的某一项，而是和郭守敬求"盈缩积"，就是求高阶等差级数若干项的和完全一样的。

下面举示朱世杰招差术的两个例子。

（一）筑堤派人和给米　如果逐日按照等差级数（首项是a，公差是b）分派工人去筑堤，第一日派a人，第二日除原派的a人继续筑堤外，再添派$a+1b$人，第三日又添派$a+2b$人，…那么在第n日参加筑堤的工人总数是：

$$S_n = a + (a+1b) + (a+2b) + \cdots + [a+(n-1)b]$$

易知这个级数的一差是a^1，二差是b。代入高阶等差级数求和的总公式，得

$$S_n = na + \frac{1}{2}(n-1)nb$$

如果每个工人每日给米1升，n日后已给米的总升数是：

$$S_n = na + (n-1)(a+1b) + (n-2)(a+2b) + \cdots$$
$$+ 2[a+(n-2)b] + 1[a+(n-1)b]$$

依前法列式，可以求得这个级数的一差是na，二差是$nb-a-b$，三差是$-2b$，代入公式，得

$$S_n = n^2a + \frac{1}{2}(n-1)n(nb-a-b) - \frac{1}{3}(n-2)(n-1)nb$$
$$= \frac{1}{2}n(n+1)a + \frac{1}{6}(n-1)n(n+1)b.$$

如果每个工人每日所给的米不是1升而是m升，那么只要以m乘上式就得。

秦九韶《数书九章》中"计造石坝"一题，是和上举求工人总数的方法完全一样的。但是秦九韶把a称作"上积"，b称作"次积"，这种算法称作"招法"。

（二）立方招兵和支钱　仿前题，逐日按照等差级数的立方数招兵，第一日招兵a^3人，第二日招兵$(a+1b)^2$人，第三日招兵$(a+2b)^2$人，…，那么经n日后已招来的兵士总数是：

1.在这里，我们仍旧回到求级数总和的问题，而不是求级数的某一项了，所以仍照上篇，把原级数（就是第一列数）的首项作为一差。

$$S_n = a^3 + (a+1b)^3 + (a+2b)^3 + \cdots + [a+(n-1)b]^3$$

依前法列式，可以求得这个级数的一差是a^3，二差是$3a^2b+3ab^2+b^3$，三差是$6ab^2+6b^3$，四差是$6b^3$，代入公式，就得

$$S_n = na^3 + \frac{1}{2}(n-1)n\left(3a^2b + 3ab^2 + b^3\right)$$

$$+ \frac{1}{6}(n-2)(n-1)n\left(6ab^2 + 6b^3\right)$$

$$+ \frac{1}{24}(n-3)(n-2)(n-1)n \cdot 6b^3$$

如果每一兵士每日所支的钱是1，那么也可以仿照筑堤派人的给米问题，列出公式来表示n日内已支钱的总数。但是，照这样做非但要多一次求一差、二差……的手续，并且在这类较复杂的问题中，计算起来非常麻烦，所以朱世杰的书里另有简便的方法。他设法避免求另一串更复杂的高阶等差级数各次的差，而仍用求招兵总数时的级数各次的差，直接求出所给物的总数，朱世杰的方法如下：

设逐日所招的人数是a_1，a_2，a_3，$\cdots a_n$，每人每日所给的物数是1，那么n日内所给的总物数是：

$$Sn = na_1 + (n-1)a_2 + (n-2)a_3 + \cdots + 2a_{n-1} + a_n$$

又设高阶等差级数a_1，a_2，a_3，$\cdots a_n$的顺次每二相邻项的第一次差是b_1，b_2，b_3，$\cdots b_{n-1}$；再求每二相邻项的差，所得的第二次差是c_1，c_2，c_3，$\cdots c_{n-2}$；第三次差是d_1，d_2，d_3，$\cdots$

d_{n-3} 等。那么由

$$a_2-a_1=b_1,\ a_3-a_2=b_2,\ a_4-a_3=b_3,\ \cdots$$

$$b_2-b_1=c_1,\ b_3-b_2=c_2,\ b_4-b_3=c_3,\ \cdots$$

$$c_2-c_1=d_1,\ c_3-c_2=d_2,\ c_4-c_3=d_3,\ \cdots$$

$$\cdots\cdots\cdots\cdots\cdots\cdots\cdots\cdots$$

可以列出下式来求给物的级数各次的差：

$$na_1\quad na_2-a_2\quad na_3-2a_2\quad na_4-3a_4\quad na_5-4a_5\cdots$$

$$nb_1-a_2\quad nb_2-2a_3+a_2\quad nb_3-3a_4+2a_3\quad nb_4-4a_5+3a_4\cdots$$

$$nc_1-2a_3+2a_2\quad nc_2-3a_4+4a_3-a_2\quad nc_3-4a_5+6a_4-2a_3\cdots$$

$$nd_1-3a_4+6a_3-3a_2\quad nd_2-4a_5+9a_4-6a_3+a_2\cdots$$

$$ne_1-4a_5+12a_4-12a_3+4a_2\cdots$$

$$\cdots\cdots\cdots\cdots\cdots\cdots\cdots\cdots$$

$\therefore$ 一差$=na_1$

二差$=nb_1-a_1=nb_1-(a_1+b_1)=-a_1(n-1)b_1$

三差$=nc_1-2a_3+2a_2=nc_1-2(a_3-a_2)=nc_1-2b_2$

$\quad=nc_1-2(b_1+c_1)=-2b_1+(n-2)c_1$

四差$=nd_1-3a_4+6a_3-3_2$

$\quad=nd_1-3(a_4-a_3)+3(a_3-a_2)=nd_1-3b_3+3b_2$

$\quad=nd_1-3(b_3-b_2)=nd_1-3c_2=nd_1-3(c_1+d_1)$

$\quad=-3c_1+(n-3)d_1$

$$五差=ne_1-4a_5+12a_4-12b_3+4a_2$$

$$=ne_1-4\left(a_5-a_4\right)+8\left(a_4-a_3\right)-4\left(a_3-a_2\right)$$

$$=ne_1-4b_4+8b_3-4b_2$$

$$=ne_1-4\left(b_4-b_3\right)+4\left(b_3-b_2\right)=ne_1-4c_3+4c_2$$

$$=ne_1-4\left(c_3-c_2\right)=ne_1-4d_2=ne_1-4\left(d_1+e_1\right)$$

$$=-4d_1+\left(n-4\right)e_1$$

··

把上面求得的一差，二差、三差、……代入高阶等差级数求和的总公式，得

$$S_n = n \cdot na_1 + \frac{1}{2}(n-1)n\left[-a_1+(n-1)b_1\right]$$

$$+\frac{1}{6}(n-2)(n-1)n\left[-2b_1+(n-2)c_1\right]$$

$$+\frac{1}{24}(n-3)(n-2)(n-1)n\left[-3c_1+(n-3)d_1\right]$$

$$+\frac{1}{120}(n-4)(n-3)(n-2)(n-1)n\left[-4d_1+(n-4)e_1\right]$$

$$+\cdots\cdots$$

$$=\left[n^3-\frac{1}{2}(n-1)n\right]a_1+\left[\frac{1}{2}(n-1)^2n-\frac{1}{3}(n-2)(n-1)n\right]b_1$$

$$+\left[\frac{1}{6}(n-2)^2(n-1)n-\frac{1}{8}(n-3)(n-2)(n-1)n\right]c_1$$

$$+\left[\frac{1}{24}(n-3)^2(n-2)(n-1)n\right.$$

$$-\frac{1}{30}(n-4)(n-3)(n-2)(n-1)n\bigg]d_1+\cdots\cdots$$

$$=\frac{1}{2}n(n+1)a_1+\frac{1}{6}(n-1)n(n+1)b_1$$

$$+\frac{1}{24}(n-2)(n-1)n(n+1)c_1$$

$$+\frac{1}{120}(n-3)(n-2)(n-1)n(n+1)d_1+\cdots\cdots$$

这就是招差术中的给物总公式，从这个公式可以由人数的各次差 a_1，b_1，c_1……直接去求总物数，省去求物数的各次差的步骤。很明显，如果题中每人每日所给的物数不是1而是 m，那么必须以 m 乘上式的结果。

在立方招兵问题中，我们以 $a_1=a^3$，$b_1=3a^2b+3ab^2+b^3$，$c_1=6ab^2+6b^3$，$d_1=6b^3$ 代入给物总公式，就得 n 日内已支钱的总数是：

$$S_n=\frac{1}{2}n(n+1)a^3+\frac{1}{6}(n-1)n(n+1)\left(3a^2b+3ab^2+b^3\right)$$

$$+\frac{1}{24}(n-2)(n-1)n(n+1)\left(6ab^2+6b^3\right)$$

$$+\frac{1}{120}(n-3)(n-2)(n-1)n(n+1)\cdot 6b^3$$

显然筑堤派人问题求给米的总升数，用这个给物总公式来做，结果也是一样的。

二次和三次方程的成立

关于二次方程的问题,古希腊于公元前三世纪在欧几里得的书中已有记载;在中国也早有记录。我们知道,解纯二次方程只要用普通开平方,这在《九章算术》的少广章中就已讲到。至于中国古代解一般二次方程,最早的记录是《九章算术》勾股章第二十题。这是一个相似勾股形比例问题,要用二次方程来解。下面先把这个问题介绍一下。原题如下:

今有邑方（DFGK）不知大小,各中开门,出北门（E）二十步有木（B）,出南门（H）十四步（至C）,折而西行

图24

一千七百七十五步（至A）见木。问邑方（DF或EH）几何?

答:二百五十步。

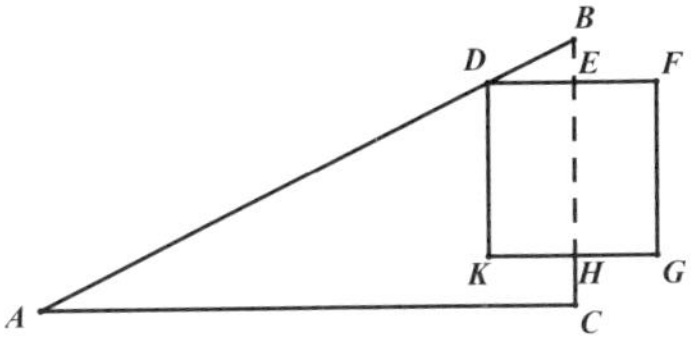

如图24,因为　　$\triangle ABC \backsim \triangle DBE$

所以 $DE:AC=BE:BC$

设 $DF=x$，那么 $EH=x$，$DE=\dfrac{x}{2}$，

连同题设的已知数代入上式，得

$$\frac{x}{2}:1775=20:(20+x+14)$$

化简后，得二次方程

$$x^2+34=71000$$

原书的术文很简略，特抄录于下：

以出北门步数乘西行步数，倍之（$1775\times20\times2=71000$）为实，并出南门步数（$20+14=34$）为从法，开方除之，即邑方。

细考上举术文的含义，知道其中的"实"是指二次方程的常数项而说的，"从法"是指一次项的系数而说的，所谓"开方除之"，其实不是普通的开平方，而是解一般二次方程的特殊开平方，就是后世所称的"带从开平方"。因为用这种开平方法所解的二次方程有一次项，而一次项的系数叫"从法"，所以这是带有从法的开平方，称作带从开平方。

在《九章算术》里虽然没有说明这种开平方的步骤，但是我们不难推知，这是可以从解纯二次方程的普通开平方推广而得的。

我们看到普通的开平方法，既得初商（就是平方根的

首位数）后，从实（即被开方数）减去初商的平方，得到余实，以下继续再开，实际已经变成了一般二次方程的问题。

例如求289的平方根x，既得初商10后，减去$10^2=100$，余189，

继续求次商（就是平方根的第二位数）y，那么因为

$$x^2=289, \ x=10+y$$

所以　　　　$(10+y)^2=289$

化简得　　　$y^2+20y=189$

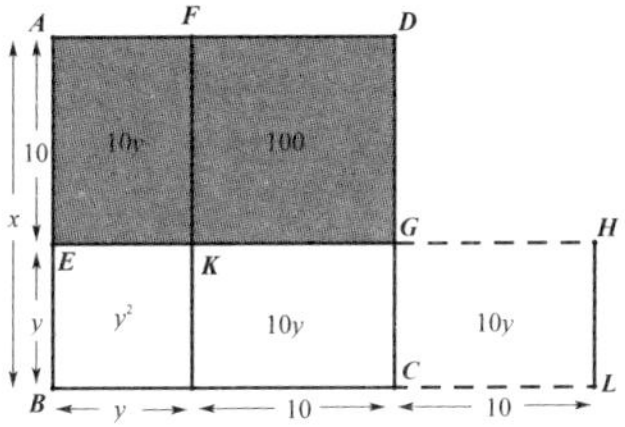

图25

这就是一个带有从法的一般二次方程。用图形来研究如图25，如果正方形$ABCD$的面积是289，要求边长x，先减去初商10的平方（正方形$FKGD$），所余的是"磬折形"$ABCGKF$，可以改成一个矩形$EBLH$，面积是189。这个矩形的长阔差是20，要求阔y，只需解二次方程$y^2+20y=189$就得。因此，我们可以设想，《九章算术》在上举问题的术文中所谓"开方除之"，应该是按照普通开平方法求次商起的各个步骤来进行的。

三国初年，赵君卿（第三世纪）在《周髀算经》"勾股圆方图"的注里，记勾股和差互求的方法多种，其中的一种也是属于二次方程的，现在抄录原文，再加说明于下。

以差实$\left[(b-a)^2\right]$减弦实(c^2)，半其余，以差$(b-a)$为从法，开方除之，复得勾(a)矣。加差于勾，即股(b)。

上文是已知直角三角形的弦(c)和勾股差$(b-a)$而求

勾（a）和股（b）的法则。如果要说明它的道理，可参阅如图26的"弦图"。

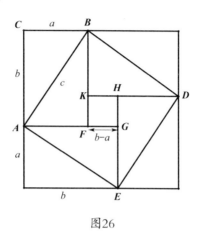

图26

因为 $c^2=ABDE$　　$(b-a)^2=FGHK$

所以 $\dfrac{1}{2}\left[c^2-(b-a)^2\right]=2\triangle ABE=ab$·········（1）

又因 $a^2+ab-a^2=ab$

所以 $a^2+(b-a)a=ab$··················（2）

设 $a=x$·······················（3）

以（1）（3）代入（2），得

$$x^2+(b-a)x=\dfrac{1}{2}\left[c^2-(b-a)^2\right]$$

解这个二次方程，得x是所求的勾（a），又加勾（a）于勾股差（$b-a$）。就得股（b）。

由于赵君卿的注文中也有"从法"和"开方除之"的话，和《九章算术》勾股章第二十题的术文类似，所以我们知道他解这个二次方程所用的方法, 应该是和《九章算术》一样的。

南北朝时期的《张丘建算经》中也列二次方程的两个问题, 其中第一题的方程应是

$$x^2 + 68\frac{3}{5}x = 514\frac{31}{45} \times 2, \quad \left[x = 12\frac{2}{3}\right]$$

因原题在该书第二卷的末尾, 现传本残缺, 所以术文不全。又第二题的方程应是

$$x^2 + 15x = 594, \quad [x = 18]$$

原书的术文也只说"开方除之", 这显然是继承着《九章算术》等书中的旧法的。

和张丘建差不多时期, 祖冲之 (429–500年) 著《缀术》[1]一书, 这本书早已失传, 但根据《隋书·律历志》中的记载, 知道祖冲之有"开差幂"的算法。我们虽然查考不到这个算法的内容, 但是由于"幂"是面积的意思, "开幂"就是开方, 所以"开差幂"应该是已知矩形面积和长阔差, 而求矩形的阔, 也就是上面所说的带从开平方法。

此后, 唐代僧一行在历法计算中, 解了一个由等差级数

1.在许多古书里,都称祖冲之著《缀术》五卷(或六卷),但在最早的《南齐书》"祖冲之传"里,却称他"注《九章》,造《缀术》数十篇"。现传《九章算术》中没有祖冲之的注,大概《缀术》就是祖冲之所叙述的几十篇注文,附缀在刘徽注的后面,后来由他的儿子祖暅在这一基础上重新改写而成为《缀术》。

求和公式化成的二次方程（以项数做未知数，可参阅本书第三篇"级数的初步认识"）。如果这个二次方程是

$$x^2 + px = q, \quad (p > 0, q > 0)$$

那么一行求得的正根是

$$x = \frac{1}{2}\left(\sqrt{p^2 + 4q} - p\right)$$

一行的这个结果怎样得来的，古书里没有记载。我们猜想它是根据《周髀算经》的"弦图"，以p作为四角四个矩形的长阔差$(b-a)$，又以q作为矩形面积(ab)，从而就图观察，得到长阔和$(b+a)$是$\sqrt{p^2 + 4q}$，再利用和差算法而得到的，这种算法实际就是宋代的"四因积步法"，详见下面的一节。

　　从上节所讲的来看，我国古代虽然很早就能解二次方程，但是它的解法在书里没有详细记载。古数学书对二次方程解法有详细记载的，要到宋代才有。我们从宋代杨辉的书里知道，在贾宪的《黄帝九章算法细草》（约十一世纪中）和刘益的《议古根源》（约十二世纪初）里，都有二次方程解法的记录。但是这两本书都已失传，我们从杨辉的《详解九章算法》和《田亩比类乘除捷法》，还可以看到它们的部分内容，杨辉的《详解九章算法》引述了贾宪书中的"增乘开平方"，就是二次方程的解法[1]；《田亩比类乘除捷法》引述了刘益书中的二十二个问题，其中除了一个题目是四次

---

1. 在杨辉的书中另外还引述了贾宪的"立成释锁开平方"，因为这个算法和《九章算术》的普通开平方大致相同，只能用来解纯二次方程，所以这里不去详细记述。贾宪的"增乘开平方"，我们在杨辉的书里虽然也只看到了解纯二次方程的例子，但是它对于一般二次方程也是同样适用的，所以本书要特别提到它。

方程以外，其余都是二次方程的问题。我们为了方便起见，在本篇里只把刘益的部分题目做介绍，贾宪的增乘开平方法留到下面一篇里再讲。

本节先选取刘益的一个已知矩形面积和长阔差而求长、阔的问题，介绍它的四种解法，以及图形说明。

设矩形的长阔差是a，面积是b，阔是x，那么长是$x+a$，可得方程

$$x(x+a)=b, \quad 就是 x^2+xa=b$$

和前节所举各书里的二次方程一样，

如果设长是x，那么阔是x−a，方程是

$$x(x-a)=b, 就是 \qquad x^2-xa=b$$

和前式符号不同，在《九章算术》里没有这一类的二次方程问题。

杨氏书中另举"比类"的问题，说明这一个矩形问题的解法，可以适用于其他同类的二次方程问题。

现在把杨辉书中所引属于这类的一个问题抄录于下：

直田积八百六十四（方）步，只云阔不及长一十二步，问阔及长各几步？答：阔二十四步，长三十六步。

上题如果先求阔，当用"带从开方"；如果先求长，当用"益积开方"或"减从开方"，如果先求长阔和，再用和差法同时求长和阔，当用"四因积步"法。下面详述这四个方

法，但为便利起见，用阿拉伯数
字替代筹式。

（一）带从开方法　先列积数
于第二级。不及步作为从方于第
四级，隅算一于第五级，从个位
向左移，每移一次跳过一位，如
图27（1）式，估定初商20，列第一
级，以初商（作2）乘隅算（作10），
列第三级作为方法，如图27（2）
式，以初商乘方法和从方，得400

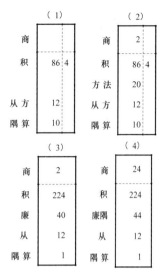

图27

和240，都从积内减去，余224，二倍方法，退一位，名廉；
从方也退一位，名从；隅算退二位，如图27（3）式。再估定
次商4，列第一级，以次商乘隅算，名隅，置于廉后，如图27
（4）式。以次商乘廉、隅和从，得160、16和48，由积内减，恰
尽，所以得阔24步。

原书用图28说明上法的理：

由图27（2）式内所减的是图中的
方法400和从方240。由图27（4）式内所
减的是廉160（即80×2）、隅16和从48。

在上法中设阔是x，可得方程

$$x(x+12)=864$$

图28

就是　　　　　　　　　　$x^2 + 12x = 864$

所以原书的术文是

置积为实, 以不及步为从方, 开平方除之。

和《九章算术》等书的术文类似, 但把"从法"改称作"从方"。《九章算术》等书解二次方程所用的特殊开方, 应该是和杨辉所记的带从开方类似的。

(二) 益积开方法　列积于第二级, 不及步作为负从于第四级, 隔算一于第五级, 估定初商30, 列第一级, 以初商乘隔算, 列第三级作为方法, 如图29 (1) 式。以初商乘负从, 得360, 和积相加, 得1224如图29 (2) 式。以初商乘方法得900, 由积内减去, 余324, 如图29 (3) 式。二倍方法, 退一位, 名廉, 负从退一位, 隔算退二位, 如图29 (4) 式。再估定次商6, 列第一级, 以次商乘隔算, 名隅, 置于廉后, 如图29 (5) 式。以次商乘负从, 得72, 和积相加, 得396, 如图29 (6) 式。以次商乘廉隅, 得396, 由积内减, 恰尽, 所以得长36步。

(1)			(2)			(3)		
商		3	商		3	商		3
积	86	4	积	122	4	积	32	4
方法	30		方法	30		方法	30	
负从	12		负从	12		负从	12	
隔算	10		隔算	10		隔算	10	

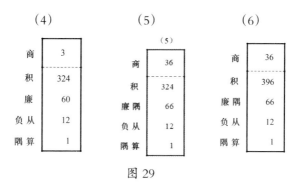

图 29

原书用图30说明上法的理：

图29（2）式的原积864是图30中的$a+b$，所加的360是图30中的$c+d$，减去的900是$a+c$，图29（3）式中的余积324是$b+d$，又加于图29（5）式的72是e，由图29（6）式减去的396是$b-d+e$。

在上法中设长是x，得方程

$$x(x-12)=864$$

就是　　　x2-12x=864

因其中x的系数是负，和带从开方的相反，所以称负从而变减为加。又因普通开方是屡次减积，直到减尽，现在兼用增积，所以称作益积开方。

（三）减从开方法　列积于第二级，负从于第三级，隔算于第四

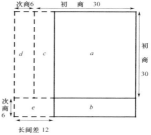

图 30

级，估定初商30，如图31（1）式。以初商乘隔算，减去负从，得余从18，以初商乘余从，得540，由积减去，余324，如图31（2）式。又以初商乘隔算，并入余从，退一位，隔算退二位，如图31（3）式。再定次商6，以次商乘隔算，并入余从，如图31（4）式。以次商乘余从，得324，由积内减，恰尽，所以得长36步。

（1）		（2）		（3）		（4）	
商	3	商	3	商	3	商	36
积	86|4	积	32|4	积	324	积	324
负从	12	余从	18	余从	48	余从	54
隔算	10	隔算	10	隔算	1	隔算	1

图31

上法的理可参阅图32：由图31（1）式内所减的是图32中的减从540，由图31（4）式内所减的是图32中二廉和一隅的共（18+30+6）×6=108+180+36=324。

（四）四因积步法　如图33：先求积的4倍，得864×4=3456，再求长阔差的平方，得12^2=144，相加开平方，得$\sqrt{3456+144}=60$，为长阔和。于是由和差法得长的步数是$\frac{1}{2}(60+12)=36$，阔的步数是

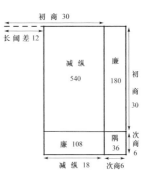

图32

$\frac{1}{2}(60-12)=24$。

上法是最便利的一种解法,所用的图33实际是从《周髀算经》的弦图变通而得的。

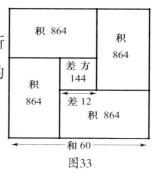

图33

三

　　杨辉在《田亩比类乘除捷法》中又转载了刘益的一个由矩形面积和长阔和以求长、阔的问题，解法也有不同的四种。

　　设矩形的长阔和是a，面积是b，阔是x，那么长一定是$a-x$，所以得方程

$$x(a-x)=b, \text{就是} \quad -x^2+ax=b$$

　　其中x2的系数是-1，所以和前述的又不相同。杨氏书中也另举比类的问题，借以显示这方法可适用于其他同类的二次方程问题。原题和各种解法如下：

　　直田积八百六十四（方）步，只云长阔共六十步。问阔及长各几步？答：阔二十四步，长三十六步。

　　上题如果先求阔，当用"益隅开方"或"减从开方"；如果先求长，当用"翻积开方"；如果同时求二数，仍用四因积步法。

（一）益隅开方法　列积于第二级，共步作为从方于第四级，益隅一于第五级，估定初商20，列第一级，以初商乘益隅，列第三级作为方法，如图34（1）式。以初商乘方法得400，和积相加得1264，如图34（2）式。以初商乘从方得1200，由积减得64，如图34（3）式，二倍方法，退一位作为廉，从方也退一位，益隅退二位，如图34（4）式。再估定次商4，列第一级，以次商乘益隅作为隅，置于廉后，如图34（5）式。以次商乘廉隅得176，和积相加得240，如图34（6）式，以次商乘从方得240，由积内减，恰尽，所以得阔24步。

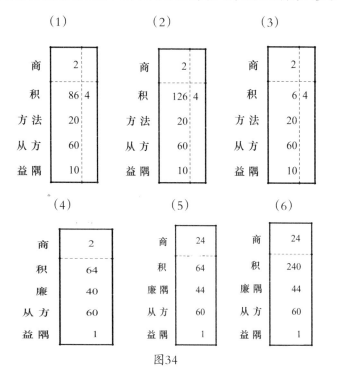

（1）		（2）		（3）	
商	2	商	2	商	2
积	86 4	积	126 4	积	6 4
方 法	20	方 法	20	方 法	20
从 方	60	从 方	60	从 方	60
益 隅	10	益 隅	10	益 隅	10

（4）		（5）		（6）	
商	2	商	24	商	24
积	64	积	64	积	240
廉	40	廉 隅	44	廉 隅	44
从 方	60	从 方	60	从 方	60
益 隅	1	益 隅	1	益 隅	1

图34

上法中图34（1）式的原积864是图35的$a+b+c$，所加的400是图35的d，减去的1200是图35的$a+d+c$（c等于d下所缺的积20×4），图34（3）式的余积64是b。加于图34（5）式的176是图35的$c+e$，由图34（6）式减去的240是$b+c+e$。

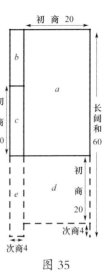

图 35

上举解法实际就是解二次方程

$$-x^2+60x=864$$

而求矩形的阔x的方法。

（二）减从开方法　列积于第二级，从方于第三级，负隅于第四级，估定初商20，如图36（1）式，以初商乘负隅，由从方内减，得余从40，以初商乘余从得800，由积减得64，如图36（2）式。再以初商乘负隅，由余从内减，退一位，负隅退二位，如图36（3）式，再估定次商4，由余从减，余16，如图36（4）式，以次商乘余从得64，由积内减，恰尽，所以得阔24步。

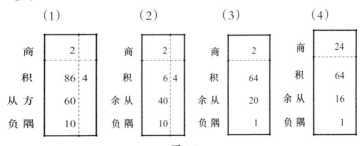

	（1）			（2）			（3）			（4）	
商	2		商	2		商	2		商	24	
积	86	4	积	6	4	积	64		积	64	
从方	60		余从	40		余从	20		余从	16	
负隅	10		负隅	10		负隅	1		负隅	1	

图 36

上法的理儿和前面一样, 初减的 800是图37中的$a+d$, 但因d是虚积, 所以用实积c代替, 余b, 后减的64就是b。

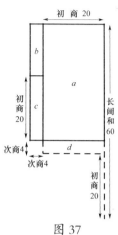

图 37

（三）翻积开方法　如前法列积、从方和负隅, 估定初商30, 如图38（1）式, 以初商乘负隅, 由从方内减, 得余从300, 初商乘余从得900, 由积内减, 不足, 就翻减, 得–36, 如图38（2）式。再以初商乘负隅, 由余从减得差数是0, 退一位, 负隅退二位, 如图38（3）式, 再估定次商6, 由余从减, 不足, 也翻减得负余从6, 如图38（4）式。以次商乘负余从得36, 由负积减, 恰尽, 得长36步。

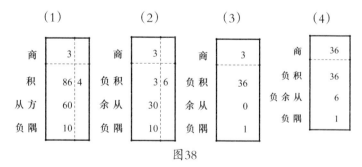

图38

上法的理儿可参阅图39, 原积$a+b$, 初商乘余从所得的900是$a+c+d$, 翻减原积, 就是去掉a而又截去等于b的c, 结果余d, 是所欠的积。后来减去负36, 就是减去欠积d, 结果恰尽。

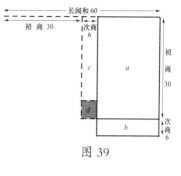

图 39

（四）四因积步法　由图

33，可得长阔差是

$$\sqrt{60^2 - 864 \times 4} = 12,$$

所以长是

$$\frac{1}{2}(60+12) = 36$$

阔是　　$\frac{1}{2}(60-12) = 24$

有了以上两节所述的各种方法，所有如下的二次方程，都可依法求解了（a 和 b 都代表正数）：

$$x^2 + ax = b, \qquad x^2 - ax = b, \qquad -x^2 + ax = b,$$

因为有正根的二次方程中的符号变化，仅有上举三种不同的情形，所以应用前述各法来解二次方程，虽有一部分尚嫌太繁，但算法可说已很完备。

四

　　三次方程的问题，除掉纯三次方程就是普通开立方问题，一般三次方程问题在唐以前的数学书里都没有记载。但是据《隋书·律历志》，知道祖冲之的《缀术》中还有一种"开差立"的算法，似乎是由长、阔、高有差的长方体体积求出边长，就是一般三次方程的解法。如果这个推断正确的话，那么我国在五世纪时就有了三次方程，并且有办法解决了。

　　在唐代贞观（627–649年）年间，设立"明算科"，订考试制度，规定赴考的人必须通晓《算经十书》，这《算经十书》中包含十部数学书，除掉前面提到的《周髀算经》《九章算术》《孙子算经》《张丘建算经》《缀术》，以及在《中国算术故事》中提到的《夏侯阳算经》（现传的是八世纪时的伪本）、《五曹算经》（约六世纪）、《五经算术》（同前）和《海岛算经》（三世纪）以外，又有当时的王孝通所著的

《缉古算术》(626后几年)[1]，这本书里共载二十个问题，大部分是属于三次方程的求积还原题。这些三次方程都可归结成如下的公式：

$$x^3+ax^2+bx=c$$

原书把c叫实，b叫方法，a叫廉法，这三个数都是正数，b有时是0。至于这个方程的解法，原书只说"从开立方除之"，没有详述算法。

我们仍照本篇第一节来试做推论：解纯三次方程只需应用普通算术的开立方法，但既得初商后，从实减去初商的立方，再把余实续开，已经变成了一个"带从开立方"问题，就是变成了一般三次方程的问题，所以要解这个方程，只须照普通开立方求次商和以下各商的方法去做就得。例如要解纯三次方程

$$x^3=1728$$

用普通的开立方法，既得初商10后，必须继续求次商。设次商是y，那么

$$x=10+y$$

代入前式，得 $(10+y)^3=1728$

化简，得 $y^3+30y^3+300y=728$

这就是一般的三次方程。普通开立方法在《九章算术》里早就讲到，是一般学习数学的人所熟悉的，带从开立方法既然和普通开立方求次商起的各个步骤相同，那么在《缉古算术》里自然可以不再详述，而只用"从开立方除之"几个字来说明一下就足够了。

我们根据上面的推论，仿照刘益带从开平方的例子，拟出一种特殊的开立方法，用来解三次方程的问题，现在把它叙述在下面，王孝通"从开立方"的原法可能就是这样的。

下面所拟的特殊开立方法，它的原理也可以利用图形，逐步从原实减积，直到减尽。因为解法较带从开平方复杂得多，所以不便再依筹算列式，这里仿照新法开方，另列简明的算式，使读者易于明了。

从开立方的法则如下：

先仿开立方法估定初商，自乘列于左，再以廉（廉法的简称）乘初商，也列于左，把二数一起和方（方法的简称）相并作为下法，以初商乘下法，从实内减去而得余实，再三倍初商的平方，二倍初商和廉的积，二数一起和方相并作为廉法，以廉法试除余实而定次商。于是再三倍初商，加以廉，再乘以次商，所得的数和廉法相并，再加次商的平方，得廉隅共法。又以次商乘廉隅共法，从余实内减去。如果不尽而仍有余实，仿上法续开三商。

用上举法则列式时, 可依照如下所示的范式:

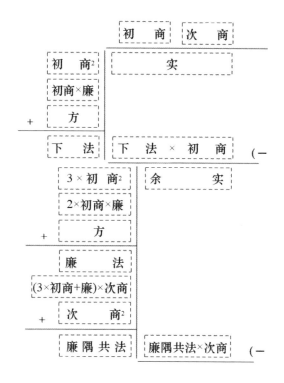

下面举一个例子, 解《缉古算术》第二题下半题的方程

$$x^3+276x^2+199184x=633216$$

来求仰观台(就是天文台)的羡道(就是登台的斜坡)的下广 x,

先估定初商20, 依法列下式:

$$
\begin{array}{r}
2 \quad 4 \\
\hline
633216 \\
\end{array}
$$

$$20^2 = \quad 400$$
$$20 \times 276 = 5520$$
$$19184$$
$$+$$
$$\overline{25104} \qquad 502080$$

$$3 \times 20^2 = \quad 1200$$
$$2 \times 20 \times 276 = 11040$$
$$19184$$
$$+$$
$$\overline{31424}$$

$$131136 \qquad (因 \quad \dfrac{131136}{31424} = 4+,$$
$$所以定次商4)$$

$$(3 \times 20 + 276) \times 4 = 1344$$
$$4^2 = \quad 16$$
$$+$$
$$\overline{32784} \qquad 131136$$

$$\therefore \qquad\qquad\qquad x = 24$$

用图40说明上法的理儿：原实633216是一立体$ABCD$的体积，其中的正方体$HKCD$每边是x，体积是x^3；长方体$FGKL$的长和高都是x，阔EF，是276，体积是$276x^2$；长方体$ABKH$的高是x，长是276，板AG是$\dfrac{19184}{276}$，体积是$19184x$，把$ABCD$分成十四块，使BP、DM、HN都等于初商20，那么

得到a、i、m三个立体，高都是20，合成$QRST$，它的表面积是

$$20^2 + 20 \times 276 + 276 \times \frac{19184}{276} = 25104.$$

以高20乘得502080，从原体积内减，余131136，这是所

余的十一个立体b、c、d、e、f、g、h、j、k、l、n的总体积,它们的高都等于次商,合成$UVWX$,其中b、c、d、j、k、n表面积的总数已知是

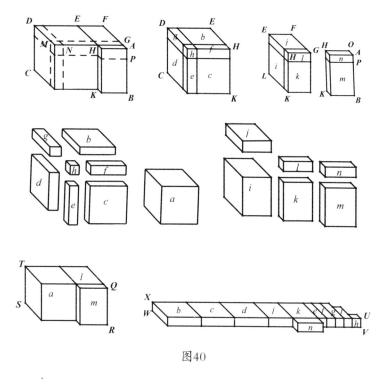

图40

$$3 \times 20^2 + 2 \times 20 \times 276 + 276 \times \frac{19184}{276} = 31424,$$

所以用31424来除余积,知道它的高(就是次商)大约是4。又因e、f、g、l的阔各等于高,又h的长和阔也都等于高,于是假定高就是4,得$UVWX$的全表面积是

$$31424+3\times20\times4+276\times4+4^2=32784$$

以高4乘，得131136，恰巧和余积相符。

如果求得次商之后还有余实，可以继续求三商、四商等，方法和前面的类似。现在再举一个例子，解《缉古算术》第二题上半题的方程

$$x^3+1620x^2+850500x=146802375$$

来求乙县所造仰观台的高x，

先估定初商100，依法列下式：

```
                                    1   3   5
      100²=    10000        146802375
 100×1620=   162000 (  +
            850500 (  +
            1022500                102250000
     3×100²=    30000            44552375 (因 44552375 =30+,
 2×100×1620=   324000                         1204500
            850500 (  +                    所以定次商30)
            1204500
(3×100+1620)×30=  57600
          30²=     900 (  +
            1263000                37890000
     3×130²=    50700            6662375 (因 6662375 =5+,
 2×130×1620=   421200                        1322400
            850500 (  +                    所以定次商5)
            1322400
 (3×100+1620)×5=  10050
           5²=      25 (  +
            1332475             6662375
```

$$\therefore \qquad\qquad x=135$$

王孝通以后，宋代杨辉又引述了贾宪《黄帝九章算法

细草》的"增乘开立方"，这是古书中三次方程解法的最早记录，读者可参阅下篇。

高次方程解法的发现

　　前述刘益《议古根源》中解二次方程的特殊开方法，计算步骤不够简明，对于各项符号不同的方程，必须用不同解法。比刘益略早的贾宪，曾创增乘开平方法，虽然在二次方程问题中只举了纯二次一种，但这个方法步骤分明，可以推广到任何符号、任何次数并且不限于纯高次的高次方程。贾宪的《黄帝九章算法细草》今已失传，现在根据杨辉《详解九章算法·纂类》的引文，把贾宪增乘开平方的第一个例题依法计算如下。

　　这是一个求55225的平方

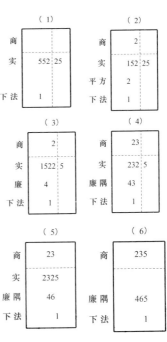

图 41

根的问题,如图41,列(1)式,估定初商200,乘下法为平方,以初商乘,从实减得(2)式。以初商乘下法,并入平方,退一位为廉,下法退二位,如(3)式,续定次商3,乘下法为隅,并入廉,以次商乘,从实减得(4)式,以次商乘下法,并入廉隅,退一位,下法退二位,如(5)式。定三商5,乘下法,并入廉隅,以三商乘,从余实减尽,如(6)式,得平方根235。

上例只是一个简单的二次方程问题,还不容易看出这个解法的优点。杨辉在他的书里又介绍了贾宪的增乘开立方法和增乘开三乘方(即四次方)法,前者是纯三次方程,后者是纯四次方程。现在再行根据《永乐大典》所录《详解九章算法》中的引文,把贾宪增乘开三乘方法的例题和解法举示于下。

	(1)	(2)	(3)	(4)	(5)	(6)	(7)
商		3	3	3	3	34	34
实	1336336	526336	526336	526336	526336	526336	0
立方	0	27000	108000	108000	108000	108000	131584
上廉	0	900	2700	5400	5400	5400	5896
下廉	0	30	60	90	120	120	124
下法	1	1	1	1	1	1	1

图 42

这是一个求1336336的四次根的问题,如图42,列(1)式,估定初商30,乘下法并入下廉,初商乘下廉并入上廉,初商乘上廉并入立方,初商乘立方,从实内减,余526336,如(2)式。续用初商乘下法并入下廉,乘下廉并入上廉,乘上廉并入立方,如(3)式。用初商乘下法并入下廉,乘下廉并入上廉,如(4)式。用初商乘下法并入下廉,如(5)式。把实下各层的数递退一位,估定次商4,如(6)式。用次商乘下法并入下廉,次商乘下廉并入上廉,次商乘上廉并入立方,次商乘立方,从实内减,恰尽,如(7)式,得所求的四次根是34。

在上举解法中,由(1)得(2)是以初商由下而上逐次乘下层并入上层,最后乘得的要从实内减。由(2)得(3)、(4)、(5)三步,仍逐次以初商乘下层并入上层,但每一步比前降低一层止。由(5)得(6)是退位定次商。由(6)得(7)仿照开首一步,改用次商由下而上逐次乘、并,最后从余实内减尽而得所求的根。这样的计算步骤是非常整齐清楚的。

上篇谈到杨辉书中所引刘益的二十二个问题中,有一个是四次方程问题,它的解法在术文中只说"开三乘方除之",但从后面的细草,知道它和贾宪的增乘开方法类似。原方程是

$$-5x^4+52x^3+128x^2=4096$$

解法如图43,列(1)式,估定上商4,乘负隅,从下廉内减去,得(2)式;乘下廉并入上廉,得(3)式,乘上廉并入三乘方法,如(4)式;乘三乘方法,从积内减,恰尽,如(5)式。于是知上商4就是原方程的一个正根。

	(1)	(2)	(3)	(4)	(5)
上商	4	4	4	4	4
积	4096	4096	4096	4096	0
三乘方法	0	0	0	1024	1024
上廉	128	128	256	256	256
下廉	52	32	32	32	32
负隅	5	5	5	5	5

图 43

在上举解法中，除了由（1）得（2）的一步，由于隅是负数，必须把乘得的数（绝对值）从下廉内减去以外，其余都和贾宪的增乘开方完全一样。

我们把杨辉所介绍的刘益和贾宪两人的开方法来比较一下，知道它们各有优点和缺点，刘益的例题是一般的二次方程和四次方程，它的各项有正有负，并且不限于只含常数项和最高次项。但是，解法因题而异，名称繁芜庞杂，都不能统一，另外，算法除了乘法以外，还有加、减两种计算，易于混淆。又所举问题大多是简单的二次方程，虽有一个四次方程的例子，但是它的根只有一位数。贾宪的方法，步骤非常清楚，学习的人很易掌握，并且可以推广到任何高次方程。但是，所举的例题只是纯高次方程，计算时全用正数，并且限于整数根。

后来在宋代秦九韶的《数书九章》中，针对上述各种缺点，创立"正负开方术"，把各种方程的解法统为一种，名称

也统一起来。例如方程

$$ax^n+bx^{n-1}+\cdots\cdots+px^4+qx^3+rx^2+sx+t=0$$

秦九韶把t称作实，s称作方，r称作上廉，q称作二廉，p称作三廉……b是下廉，a是隅。他又把计算用的筹分成红、黑两种颜色，数目是正（或称"从"）的用红筹来列出，负（或称"益"）的用黑筹来列出，并且把实作为负数（即把方程右边单独的一个正的常数项移到左边，像上举例子中的t那样，和含有未知数的项同在一边，而另一边是零）。这样一来，就可以纯用正负数的加法，算法归于一种。

　　现在用秦九韶的正负开方术，把前举贾宪的一个二次方程重新作出解答，但是为了使算式简明，仿照清代华蘅芳《学算笔谈》里的方法，把每求一位商的各步计算列在一起，并且删去各步计算中未经变动的上层数。这个简化算式如图44。

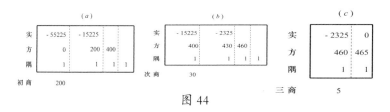

图 44

　　这里(a)式是(1)、(2)、(3)三步计算，(b)式是(4)、(5)两步计算，(c)式是(6)的计算。列了这样的算式，计算步骤就显得非常整齐。在(a)式，第一步，先列题中的实、方、隅三数，估定初商；第二步，隅不变，初商乘隅并入方，初商乘方并入实；第三步，隅仍不变，初商乘隅并入方；第四步，仅列隅，这样每次以初商乘下数并入上数，实改变后，以下逐步降低一层，成一阶梯形。在(*b*)式是先改(*a*)式的斜梯为直行，定次商后仍照前法进行。在(*c*)式是先改(*b*)式的斜梯为直行，定三商后如前变得实为0，知道已经开尽，得商200+30+5=235。

下面再把贾宪的一个四次方程的例子，用同法列成算式，把它解出来，如图45。得所求的四次根是30+4=34。

(*a*)

实	- 1336336	- 526336				
方	0	27000	108000			
上廉	0	900	2700	5400		
下廉	0	30	60	60	120	
隅	1	1	1	1	1	1
初商	30					

(*b*)

实	- 526336	0
方	108000	131584
上廉	5400	5896
下廉	120	124
隅	1	1
初商	4	

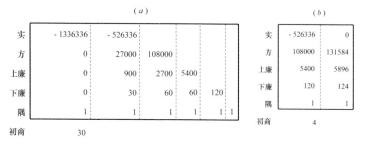

图 45

用正负开方术来解刘益的带从开方问题，也是同样的简便。现在用前篇所述矩形问题的方程$x^2+12x=864$来试验一下。因原方程是$x^2+12x-864=0$，所以得如图46的算式。

实	- 864	- 224		
方	12	32	52	
隅	1	1	1	1
初商	20			

实	- 224	0
方	52	56
隅	1	1
次商	4	

图 46

显然比前述的带从开方简便得多。

有了这个方法,刘益的益积开方、益隅开方等法都可以用同法处理,这里再把前篇所述的另外两个方程解在下面。

方程$x^2-12x=864$就是$x^2-12x-864=0$,解法如图47。

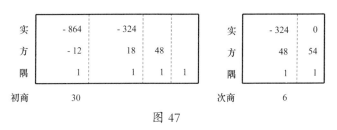

实	- 864	- 324		
方	- 12	18	48	
隅	1	1	1	1
初商	30			

实	- 324	0
方	48	54
隅	1	1
次商	6	

图 47

方程$-x^2+60x=864$,就是$-x^2+60x-864=0$,解法如图48。

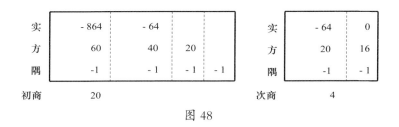

实	- 864	- 64		
方	60	40	20	
隅	-1	- 1	- 1	- 1
初商	20			

实	- 64	0
方	20	16
隅	-1	- 1
次商	4	

图 48

照这样看来,秦九韶的正负开方术能把普通开方和刘益的各种特殊开方变通而成一法,并且把贾宪的开方加以推广,这显然是把高次方程的解法推进了一大步。

　　细考秦九韶正负开方的计算方法，实际和十九世纪的霍纳法完全类似。如果把上面所举（一）$x^2+12x-864=0$ 和（二）$x^4-1336336=0$ 两题的解法用霍纳的方法记下来，得

隅	方	实	初商
1 +	12 −	864	$\underline{20}$
+)	20 +	640	
1 +	32 −	224	
+)	20		
1 +	52		

隅	方	实	次商
1 +	52 −	224	$\underline{4}$
+)		4 +	224
1 +	52 +	0	

$$\therefore \quad x=x_1+x_2$$
$$=20+4=24.$$

隅	下廉	上廉	方	实	初商
1 +	0 +	0 +	0 −	1336336	$\underline{30}$
+)	30 +	900 +	27000 +	810000	
1 +	30 +	900 +	27000 −	526336	
+)	30 +	1800 +	81000		
1 +	60 +	2700 +	108000		
+)	30 +	2700			
1 +	90 +	5400			
+)	30				
1 +	120				

$$\begin{array}{ccccccc} 隅 & 下廉 & 上廉 & & 方 & 实 & 次商 \\ 1 & +120 & +5400 & +108000 & -526336 & & \rfloor 4 \\ +) & & 4+ & 496+ & 23584+ & 526336 & \\ \hline 1 & +124 & +5896 & +131584 & + & 0 & \end{array}$$

$$\therefore \qquad x=x_1+x_2=30+4=34$$

把这里的算式和中国的古法比较一下, 实际是完全一样的, 秦九韶的正负开方是在贾宪增乘开方的基础上发展起来的, 而贾宪的方法已经和霍纳法相象, 贾宪能够在霍纳前七百几十年就发现了类似的算法, 真是非常难能可贵的。

在秦九韶之后, 元代李冶的《测圆海镜》(1248年)、《益古演段》(1259年), 郭守敬的《授时历》(1280年前后), 朱世杰的《四元玉鉴》等书都用正负开方术来解高次方程, 方法都和贾宪的大同小异, 大概都是以贾宪的方法做根据的。

下面再选录宋、元数学书上两个高次方程的例子, 用正负开方术加以解答:

[例一] 解 $x^3-66x^2+592x-1680=0$

实	-1680	-12180			实	-12180	0
方	590	-210	1490		方	490	2030
廉	-66	-16	34	84	廉	84	90
隅	1	1	1	1	隅	1	1

初商　50　　　　　　　　　　　次商　　6

$$\therefore x=50+6=56$$

【例二】　解$x^4-297x^2+184x+13440=0$

实	13440	−4420					实	−4420	0
方	184	−1786	−1756				方	−1756	884
廉	−297	−197		3	303		廉	303	528
二廉	0	10		20	30	40	二廉	40	50
隅	1	1		1	1	1	隅	1	1

初商　　10　　　　　　　　　　次商　　5

$$\therefore x=10+5=15$$

这个解法的原理,本来和近世代数学中的霍纳法一样,可以不必记叙,但是为了便于记述其他各种方法,这里仍用例二为代表来说明一下。

以$f(x)$表x的四次式$x^4-297x^2+184x+13440$,那么

$$f(x)=x^4-297x^2+184x+13440=0$$

估计x的值在10和20之间,设

$x=10+y$, 那么　　　　　$y-x=10$

于是以$x-10$除$f(x)=x^4-297x^2+184x+13440$,用综合除法得式

$$1 + 0 - 297 + 184 + 13440 \quad \underline{\big|\ 10}$$
$$+)\quad\ \ \underline{\ 10 + 100 - 1970 - 17860}$$
$$1 + 10 - 197 - 1786 - 4420$$

就是得商$x^3+10x^2-197x-1786$, 余-4420。

所以 $f(x)=y(x^3+10x^2-197x-1786)-4420=0$

又以 $x-10$除$x^3+10x^2-197x-1786$, 得式

$$1 + 10 - 197 - 1786 \quad \underline{\big|\ 10}$$
$$+)\quad\ \ \underline{\ 10 + 200 + \ \ 30}$$
$$1 + 20 + \ \ \ 3 - 1756$$

所以 $f(x)=y[y(x^2+20x+3)-1756]-4420=0$

又以 $x-10$除$x^2+20x+3$, 得式

$$1 + 20 + \ \ \ 3 \quad \underline{\big|\ 10}$$
$$+)\quad\ \ \underline{\ 10 + 300}$$
$$1 + 30 + 303$$

所以 $f(x)=y\{y[y(x+30)+303]-1756\}-4420=0$

又以 $x-10$除$x+30$, 得式

$$1 + 30 \quad \underline{\big|\ 10}$$
$$+)\quad\ \ \underline{\ 10}$$
$$1 + 40$$

所以 $f(x)=y\{y[y(x+40)+303]-1756\}-4420=0$

$$=y^4+40y^3+303y^2-1756y-4420=0$$

要求y, 只须仿前法解上列的变式就得。

继续估计得y约为5, 再设

$$y=5+z, \quad 那么 z=y-5,$$

以 $y-5$ 除 $f(x)=y^4+40y^3+303y^2-1756y-4420$，得式

$$
\begin{array}{r}
1 + 40 + 303 - 1756 - 4420 \quad \underline{|\ 5\ } \\
+) \quad \underline{\hspace{1.5em} 5 + 225 + 2640 + 4420} \\
1 + 45 + 528 + \ \ 884 + \ \ \ \ 0
\end{array}
$$

就是得后恰巧除 $y^3+45y^2+528y=884$ 尽，所以 $y-5$ 是 $f(x)$ 的因式，

但因 $\qquad\qquad f(x)=0$

所以 $\qquad\qquad z=y-5=b, \ y=5, \ x=10+y=10+5+15$

把上举的各式和例二的正负开方式对照一下，它的原理就不难彻底明白了。

正负开方术的算法和它的原理，看了上面的说明，知道并不艰深，但是其中却有一点困难，就是在定商的时候，读者一定还感觉无从下手。近世代数学中常用洛尔定理来估计根的近似值，中国古时也有约略推知的方法。

我们在列实、方、廉、隅之后，就隅和上方相接的廉观察，如果隅的绝对值的10^n倍能大于廉的绝对值，那么初商大略是在10^{n-1}的位上。遇隅上的一个廉是空位（就是零）时，可观察其他邻接的两层来约略估定。

既然估计得初商在哪一位，就可以在该位上，就九个基本数字中取中间的数作初商来试验一下。普通变式的隅是正的实常是负，隅是负的实常是正，由此可推知试用的初商嫌大还是嫌小，以便改用其他的数试验，至于怎样来辨别所定商数的适宜或不适宜，应该看变得的实和0的距离是否较原实为近，如果以$p \times 10^n$作初商时变得的实已经和0

很接近, 而以 $(p+1) \times 10^n$ 作初商时变得的实已成相反数, 就知道 $p \times 10^n$ 是所求的初商。

次商和三商等的估计方法都和上述的相同。举例如下:

【例】　解方程　　　$x^2+25x-2394=0$。

原式中隅的100倍能大于方, 所以知道初商约在10位。于是在10、20、30……90的九数中取中间数50来试开, 如 (a) 式。这时所得变式的实1356和隅同为正, 所以知道50太大, 再依次以较小的40、30试开, 如 (b) (c) 两式。

	(a)			(b)			(c)		
实	−2394	1356	实	−2394	206	实	−2394	−744	
方	25	75	方	25	65	方	25	55	85
隅	1	1	隅	1	1	隅	1	1	1
初商	50		初商	40		初商	30		

在 (b) 式中初商40, 变得的实仍是正数, 在 (c) 式中初商30, 变得的实是负数。因初商如果恰为方程的根时, 变得的实是0, 而0在正数和负数之间, 所以知道原方程的根一定在30和40之间, 就是初商是30, 于是续开如下:

实	−744	−294	实	−744	−100	实	−744	0
方	85	90	方	85	92	方	85	93
隅	1	1	隅	1	1	隅	1	1
次商	5		次商	7		次商	8	

定次商时也是先用中间数5试验，变得的实–294，距0尚远，再用7试，变得实–100，距0已很接近，最后用8试验，恰巧符合，所以得次商是8，原方程的根是38。

四

　　宋、元间的数学书上遇开方不尽问题, 都有适当的方法处理。秦九韶的书中有"进一位""加借算""退商求小数""连枝同体", 共计四种不同的方法。李冶的《益古演段》中也有一个题目是用连枝同体法的。朱世杰的书里除有秦氏的各法外, 另有一种"之分法", 虽然有时也把它称作连枝同体, 但和秦、李二人的计算步骤略有不同。现在把这些方法分别举例说明于下。

　　(一)进一位法　　正负开方既得个位的商后, 如果还有余实, 那么可以在个位数上加1, 例如 $\sqrt{8000} = 89_{+} \approx 90$, 这是最简略的近似算法。

　　(二)加借算命分法　　如前, 以商得个位后的变式中方、廉、隅的和数为分母, 余实为分子, 加在整商的后面, 也是近似算法的一种。例如解方程

$$x^2 + 252x - 5290 = 0$$

得商 $x_1=19$ 后，变原式为

$$x_2^2+252x_2-143=0$$

因 $1+290>143$，所以 $x_2<1$，于是化上式为

$$(x_2+290)x_2-143=0, \quad x_2=\frac{143}{x_2+290}$$

假定右边分母里的 x_2 等于1，那么就得

$$x_2=\frac{143}{1+290}=\frac{143}{291}, \quad x=x_1+x_2=19\frac{143}{291}$$

（三）退商求小数法　如果方程的根虽不是不尽根（即不是无理数根），但根的末位在个位以下，或不尽根而要开到小数若干位，都可用退商求小数法。这个方法必须将变式各层的数由上而下递退一位（实际就是由下而上递进一位），仍照普通开个位数的方法同样进行，但所得的应做小数第一位；再递退一位，如法续开，所得的是小数第二位，以下依此类推。

【例一】　解方程 $x^2-4.25x+1=0$（求小数的根）。

设 $x=\dfrac{y}{10}$，原式可变成

$$\frac{y^2}{100}-\frac{4.25y}{10}+1=0,$$

就是

$$y^2-42.5y+100=0.$$

这个式子里的实、方、隅是从原式中的实、方、隅递退一位而成的。所以可依下式求初商：

实	100	19		
方	−42.5	−40.5	−38.5	
隔	1	1	1	1
初商	2			

所以　　　　　　　$y_1 = 2$，$x_1 = \dfrac{2}{10} = 0.2$

所得的变式是　　$y_2^2 - 38.5y_2 + 19 = 0$,

就是　　　　　　$(10x_2)^2 - 38.5(10x_2) + 19 = 0$,

$$100x_2^2 - 385x_2 + 19 = 0$$

又设　$x_2 = \dfrac{z}{100}$，代入上式，得

$$\frac{z^2}{100} - \frac{385z}{100} + 19 = 0,$$

就是　　　　　　$z^2 - 385z + 1900 = 0$

这个式子里的实、方、隔是从前一开方式中斜行的数递退一位而成的,续开次商如下:

实	1900	0
方	−385	−380
隔	1	1
次商	5	

所以$z = 5$，$x_2 = \dfrac{5}{100} = 0.05$

于是得所求的根$x = x_1 + x_2 = 0.2 + 0.05 = 0.25$

【例二】　解方程$x^3 - 7x^2 + 34x - 643 = 0$（求到小数四位）。

先由（a）式（见下页）得初商１０，因变式$x_2^3 + 23x_2^2 + 194x_2 - 3 = 0$中的$x_2$不满1（原因是$1 + 23 + 194 > 3$），

所以递退一位，准备继续开小数，如(b)式：

	(a)						(b)
实	−643	−3				实	−3000
方	34	64	194			方	19400
廉	−7	3	13	23		廉	230
隔	1	1	1	1	1　隔	1
商	10						

查得(b)式的商仍不满1，所以小数第一位是0，应该再递退一位，列成(c)式，准备续开小数第二位，但因所求的数只需四位小数，而(b)式中的方的位数已超过四，所以可不必再用(c)式，反从(b)式把方的末位截去，廉的末二位截去，隔的末三位截去，这样所得的(d)式，实在就是根据等量的除法公理以1000除(c)式的各层而得。于是可略去原隔，而以原来的廉作为隔，当作二次方程，开得商1，是第二位小数。这样的方法叫作"截位开方"，理由是因各层的位数太多，计算不便，而且截去的各位数极为微小，对以下的商已没有多大影响。

	(c)		(d)		
实	−3000000	实	−3000	−1058	
方	1940000	方	19400	1942	1944
廉	2300	廉隔	230	2	2　2
隔	1	隔	001		
		商	1		

以下仍如前法，继续用递退一位法开得小数第三位是

5，第四位是4，如（e）（f）二式：

	（e）					（f）	
实	−105800	−8550			实	−855000	−76568
方	19440	19450	19460		方	94600	194608
隅	2	2	2	2 隅	2	2
商	5				商	4	

$$\therefore x=10.0154\cdots\cdots$$

（四）连枝同体法　秦九韶原把这个方法叫"开同体连枝平方"，只应用于解纯二次方程。现在根据李冶和朱世杰的方法加以推广，用普遍的例子来说明，凡是方程的隅大于1，而根是有理数的，都可用连枝同体法求分数（假分数或真分数）的根。先变原式，使隅成为1，同时隅上一层不变，再上一层以原隅乘，更上一层以原隅乘二次，这样每上一层多乘一次，照前法开方，以所得的商做分子，原隅做分母，就得所求的根，如果根是假分数，那么应该在方程解好以后把它化成带分数。

【例】　解方程 $4x^3-41x^2+77x+147=0$

以 4^2 乘各项，得　$(4x)^3-41(4x)^2+308(4x)+2352=0$

设 $y=4x$，把上式变成　　　　$y^3-41y^2+308y+2352=0$
这时的隅变成1。廉仍和原式同，方已乘原隅一次，实已乘原隅二次。用常法开方，得

$$y=21，就是\ 4x=21$$

$$\therefore \qquad x = \frac{21}{4} = 5\frac{1}{4}$$

（五）之分法　　方程的根是带分数的，可用之分法，先如前求原方程的根的整数部分，然后再由所得的变式，用上条所讲的连枝同体法求它所带的分数。

【例】　解方程 $63x^2 - 740x - 432000 = 0$，

用常法开得 $x_1 = 88$，得变式

$$63x_2{}^2 + 10348x_2 - 9248 = 0$$

谈 $y = 63x_2$，把上式变成

$$\frac{y^2}{63} + \frac{10348y}{63} - 9248 = 0,$$

就是 $\qquad y^2 = 10348x^2 - 9248 = 0$

用常法开得 $\qquad y = 56$，即 $63x_2 = 56$

$$\therefore \qquad x_2 = \frac{56}{63} = \frac{8}{9}, \quad x = x_1 + x_2 = 88\frac{8}{9}$$

五

　　宋、元时所解的高次方程, 每一式仅得一正根, 其余的根都没有讨论, 清汪莱（1768-1813年）在《衡斋算学》中首先谈到方程不止有一正根, 并且说方程的根可由因式分解而得, 李锐（1768-1817年）在《开方说》中阐明李冶书中的正负开方, 并且讨论到方程正负根的个数, 和近世代数学中的笛卡儿符号律相仿。此后又有易之瀚、邹伯奇、夏鸾翔、华蘅芳等创立开方别术多种。那时候欧西方程论虽已有了一个雏形, 但中国数学能独立创造, 把古法发扬光大, 得到许多珍贵的结果, 这也是有很大的贡献的。

　　现在, 从清代数学书中所论的开方别术中选取浅显易明的几种, 分别做出简单的介绍; 其余比较高深的, 这里都省略。

　　　　凡是方程的各个根都是整数的, 用正负开方求得一根后, 可仍用原法继续得一变式, 它的次数较原式低一，从这一个变式开得的数，是第二根和第一根的差数，照这样进行，又可得其余各根和它的前一根的差数。但是最后一个差数是由解一次方程而得，所以仅用除法而不需要开方。

【例】 解方程 $x^3-16x^2+73x-90=0$。

	(a)				(b)				(c)	
实	-90	0		实	-12	0		实	7	0
方	73	18	-12	方	-1	3	7	法	1	1
廉	-16	-11	-6	-1	隅	1	1	1	1	
隅	1	1	1	1						
商	5			商	4		商	-7		

所以得第一根 $x=5$，第二根 $x=5+4=9$，第三根 $x=9-7=2$。

现在把上法的原理说明如下：

由(a)式求得第一根 $x=5$，知道 $x-5=0$，就以 $x-5$ 除 $x^3-16x^2+73x-90$。

由下式得商 $x^2-11x+18$，实际就是上面(a)式的第二行。

$$\begin{array}{r} 1-16+73-90 \quad \underline{|\;5} \\ +)\quad\;\; 5-55+90 \\ \hline 1-11+18+\;0 \end{array}$$

如果使 $x^2-11x+18=0$，继续开方，原可得其他的根，但是现在变通一下，并不另外列式续开，仍用5做商，以 $x-5$ 除 $x^2-11x+18$ 如下式：

$$1-11+18 \quad \underline{|5}$$
$$+)\quad\quad 5-30$$
$$\overline{\quad 1-\ 6|-12}$$
$$+)\quad\quad\quad 5$$
$$\overline{\quad 1-\ 1}$$

所以$x_1=5$，得变式$x_2^2-x_2-12=0$，由下式续商$x_2=4$而尽。

$$1-1-12 \quad \underline{|4}$$
$$+)\quad\quad 4+12$$
$$\overline{\quad 3+\ 0}$$

所以第二根　　　　$x=x_1+x_2=5+4=9$

至于求第三根的理儿也是一样。

（二）华氏分商法　　从上述的续开法，可知正负开方术中各次的商可以任意分合，于是初商的数本当一次商得的，也可以分几次商得。

【例】　解方程$x^2+29x-2142=0$。

由隅1、方29，隅的100倍大于方，可估计得初商在十位，如果不易确定它是十位的几，可先商10，开得如下的（a）式；再把斜行改直行，续商10，得（b）式；同法进行，得（c）式。如果再商10，那么项层的实变成正数，所以知道第四次的商决不能满10。

（a）

实	−2142	−1752		
方	29	39	49	
隅	1	1	1	1

第一初商 10

（b）

实	−1752	−1162		
方	49	59	69	
隅	1	1	1	1

第二初商 10

(c)

实		−1162	−372		
方			69	79	89
隔			1	1	1	1
第三初商	10				

并三次所得的10，共得初商30。如果继续求次商，也可以分几次商得。

实	−372	−282		实	−282	−190	
方	89	90	91	方	91	92	93
隔	1	1	1	1 隔	1	1	1	1
第一次商	1			第二次商	1		

实	−190	−96		实	−96	0	
方	93	94	95	方	95	96	
隔	1	1	1	1 隔	1	1	
第三次商	1			第四次商	1		

并四次所得的1，共得次商4。所以原方程的根是34。

（三）李氏进退法　仿照前节所述的秦氏退商求小数法，把实、方、廉、隔的数递进一位，那么应该在十位的商可当作个位来求它。再递退一位，可还原而继开个位的商。

【例】　解方程 $x^3-66x^2+590x-1680=0$。

设 $x=10y$，那么原式可变成

$$1000y^3-6600y^2+5900x-1680=0$$

这个式子里的实、方、廉、隅是从原式的实、方、廉、隅递进一位而成的，由(a)式开得$y_1=5$，所以$x_1=10\times5=50$。

同时得变式

$$1000y_2{}^3+8400y_2{}^2+14900y-12180=0$$

再以$x_2=10y_2$，就是$y_2=\dfrac{x_2}{10}$，代入上式，得

$$x_2{}^3+84x_2{}^2+1490x_2-12180=0$$

这一个手续实际就是把y的变式递退一位，还原而成x的变式，继续由(b)式开得$x_2=6$。

	(a)						(b)	
实	−1680	−12180				实	−12180	0
方	5900	−2100	14900			方	1490	2030
廉	−6600	−1600	3400	8400		廉	84	90
隅	1000	1000	1000	1000	1000	隅	1	1
初商	5					次商	6	

$$\therefore \qquad x=x_1+x_2=50+6=56$$

（四）分商进退合用法　综合上述的两种方法，知道正负开方可累商个位的1，用进退的方法来开各位的商，于是算式中不用乘法而全用加法。

〔例〕　解方程$x^3-21x^2-28x-414=10$

估得初商在十位，于是递进一位，由下式累商1，开十位的商：

实　 −414　 −1794　　　　　　　实　−1794 −1374

方　 −280　 −1380　−1480　　　方　−1480　 420　3320

廉　−2100　−1100　−100　900　　廉　 900　1900　2900　3900

隅　1000　　1000　　1000 1000 1000　隅　1000　1000　1000　1000 1000

商　　　1　　　　　　　　　　　商　　　1

如上累商1两次，如果再商1，那么实变成正，所以共得商20，于是递退一位，由下式再累商1，开个位的商。

实　 −1374　−1002　　　　实　−1002　−546　　　　实　−546　 0

方　 332　　372 413　　　　方　 413　456 500　　　方　500 546

廉　 39　　 40　41 42　　　廉　 42　　43　44 45　　廉　45 46

隅　　1　　　1　 1　1 1　隅　　1　　 1　 1　1 1　隅　 1　 1

商　　　1　　　　　　　　商　　　1　　　　　　　商　　　1

如上累商1三次而尽，所以又得商3。结合前面的内容知道原方程的根是23。

天元术的失传和复兴

代数学中解应用问题的方法，除多元的问题用一次或高次方程组外，一般都是用 x 代题中的一个未知数，根据题意列出一元一次或高次的方程，依一定的法则解得 x，就是所求的数。这种方法在中国古代早已发明，它的计算通常可分成两步：第一步是列方程（古称开方式）的方法，叫作"天元术"；第二步是解方程的方法，就是前面讲过的正负开方术。天元术的计算，和现今代数的方法略有不同：代数是先列方程而后化简的，天元术是用"天元"代未知数，先列代数式（古称天元式）表示题中适当的数，依题变化，得出两个表示同数的代数式（古称如积），相减（古称相消）而得开方式。可见这一个开方式的值等于零，如果把它放在等号一边，而把0放在另一边，那么就得一个方程，和代数解方程时化简后的结果一样。

中国的天元术发明得很早，但是由于各种原因，竟失传了约五百年。直到清初，经过许多人的努力，把它重新研究明白，才能够复兴起来。

天元的名称最早见于宋秦九韶的《数书九章》，但该书把它用在大衍求一术里，所称的"天元一"就是在求乘率时首先乘在衍数上的1，可见它和用在天元术上的完全不同。

元李冶所著的《测圆海镜》和《益古演段》，是现今尚存的论述天元最早的两部书。前者以勾股容圆为题，后者以方圆周径幂积和数相求为题，全部用天元术立算，都有很详细的算草。在宋、元讨论天元的各算书中，这两种相对是最浅显的。

元郭守敬造《授时历》，在算草里载求周天弧度的方法，其中有用三乘方（即四次方程）求矢的一部分，也用天元术解。

到元朱世杰，天元术的应用更广，他所著《算学启蒙》中"方程正负"门末一题的下半，以及"开方释锁"门的大部分（共计二十七个题目），用天元来解勾股和求积还原的问题。《四元玉鉴》中除解二元到四元的问题（详见后篇）外，其余二百三十二题都是用天元术。这里面搜罗的问题非常宏富，凡是和实用有关的可说应有尽有。可惜各题术文非常简略，只说"立天元一为某数，如积求之，得某数为实、某数为方……某乘方开之，得某数合问"，千篇一律，不易了解。卷首虽有"细草假余"的题目，但所谓细草也略而不详，很不容易看懂。

宋、元之交的一二百年间（约1100–1300年），可说是中国数学的极盛时代。贡献最多的数学家，要推秦、李、郭、朱四人；其中的后三人虽在元代，其实和秦氏同时，不过南宋、北元，分居两地罢了。那时候的著述也特别多，讨论天元的书，除前述的以外，还有好几种。在《四元玉鉴》中祖颐所作的"后序"说："黄帝九章以后，算经很多，但是对于天、地、人、物四元，从来没有讲到，后来蒋周撰《益古》，李文一撰《照胆》，石信道撰《钤经》，刘汝谐撰《如积释锁》，人们方才知道有天元。"可见在刘益《议古根源》提到开带从开方以后，天元术一定是和正负开方术同时发展的。可惜这些著作全都散佚，只有前述李、郭、朱三氏的书幸而流传下来，真可以说是硕果仅存了。

从元末到清初，天元术完全失传，原因是由于习惯势力影响，学术风气败坏，以及元代的崇尚武力，明代的八股取士，对数学不加重视等，但这些都还只是次要的原因。我们知道，数学的发展是和社会生产发展相互作用的。在封建社会里，生产力受到生产关系的束缚，社会生产难于进一步提高，因而数学也不易获得进展。如此则不进即退，天元术失传的主要原因应该在这里。至于有关天元术的书籍,李、郭二氏的在元代以后还有留存,朱氏的就完全遗失了。

清康熙时,梅毂成读到《授时历》和《测圆海镜》二书,对于"立天元一"不能明了,那时候西洋代数学已传入中国,译名《借根方法》,康熙皇帝把这西法传授给他,还对他说:"西洋人把这本书叫作《阿尔热八达》(Algebra),这个名称可译作'东来法',是传自东方的意思。"梅毂成读过一遍,觉得它的算法很巧妙,忽然想起古书里立天元一的方法似乎和它有些相像,于是再把《授时历》取出来一看,不觉恍然大悟,原来两者不但可说相像,竟是名称相异而实际全同的。于是在他所著的《赤水遗珍》第五节"天元一即借根方解"中,说明了这一点,并且还说:"这是李冶的遗书,传到西洋后又转而还归中国,因为西人不忘其旧,所以有'东来法'的名称。"这里所说译名"东来法"的故事,虽然未必确实,然而中国失传了有五百年的天元术能够重显于世,那梅氏的功绩,当然是不应该埋没的。

自从梅毂成的《赤水遗珍》刊行以后,大家对李冶的书方才注意起来。接着阮元访获元代大德年间刊本《四元玉鉴》,罗士琳访获朝鲜重刻本《算学启蒙》,朱氏的遗书从此重加翻刻,研究天元术的人就日见增多。当时有李锐重校《测圆海镜》《益古演段》等书,罗士琳作《四元玉鉴·细草》，易之瀚撰《天元释例》，焦循撰《天元一释》，张敦仁以天元术作《缉古算经·细草》，吴嘉善撰《天元名式》《天元释例》《天元一草》《天元问答》等书，华蘅芳又在《学算笔谈》中详论天元，于是素称深奥难明的天元古法，就变得浅显易晓、尽人能解了。

　　在介绍中国的天元术之前，我先把几个术语和列式方法说明一下。

　　代数学里所称的未知数，在中国旧称"天元"，略作"元"。常数项叫作"太极"，略作"太"。依题列成的代数式叫作"天元式"。两个表示同数的天元式相减，叫作"如积相消"。所得式中的元是一次的，只须应用除法，就可求得元数，所以叫作"除式"，二次或二次以上的须用正负开方求元，所以叫作"开方式"。因为除式或开方式是由表示同数的两式相减而得，所以它的值是0；如果在该式的后面添一个等号和0，就是现今代数里的一元方程。

　　在李冶的《测圆海镜》里面，可以看到天元术的列式方法。凡是常数，在旁边记一"太"字，如果是天元的一次幂，那么在所列系数的旁边记一"元"字。太列在元下，通常记了元字就可以略去太字，记了太字就可以略去元字。元的上方所列的数是天元的二次幂的系数，再上一层是天元三次幂的系数，这样每上一层就增一次乘方。又太下一层是以元除太的数，再下一层是以元的二次幂除太的数，这样每下一层就减一次乘方。后来李冶看到各家的天元图式，列法都和上述的次序相反，并且因为正负开方时常由上而下列实、方、廉、隅，就是每向下降一层就增一次乘方，如果用前法列式，在开方时又须上下易位，很觉不便，因此在《益古演段》里面就把它颠倒过来，如图49左半面所示的形式。在清代各家的书中，为了便利，除掉在除数中有天元的以外，常把元字和太字完全略去不记，规定顶层的数是太极，太极没有数的时候，记0于顶层用来识别。现在仿清代数学书的惯例，在图49的右半面举几个例子。但古法是列筹式的，现在为了简便起见，仿照前面所讲的正负开方，用阿拉伯数字来代替。

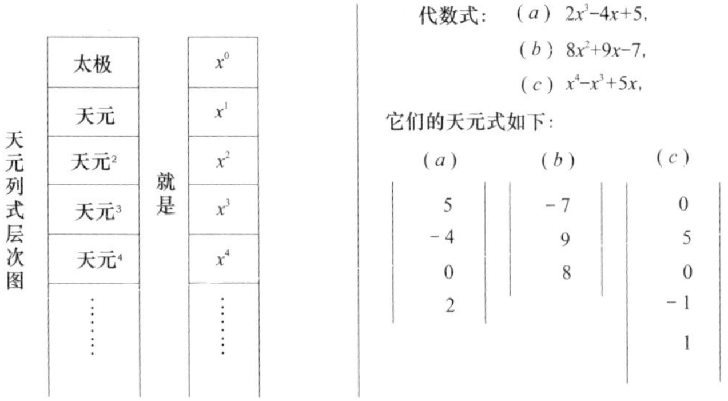

代数式：　（a）$2x^3-4x+5$，
　　　　　（b）$8x^2+9x-7$，
　　　　　（c）x^4-x^3+5x，

它们的天元式如下：

天元列式层次图	太极		x^0
	天元	就是	x^1
	天元^2		x^2
	天元^3		x^3
	天元^4		x^4
	……		……

（a）	（b）	（c）
5	−7	0
−4	9	5
0	8	0
2		−1
		1

图 49

二

　　接着再谈一谈天元术的基本计算方法。

　　在解应用问题的时候，所列的天元式要依照题意做加减乘除等的计算。关于这些基本计算，在宋、元论天元的各书中都没有算草，到清代，易之瀚《天元释例》的和吴嘉善的《天元释例》中才有详细的记载。其实这些方法和代数里的整式四则计算差不多，不过形式略有不同罢了。吴氏书中另有一种名叫"铺地锦"的乘法，很简明别致，大概是从明程大位《算法统宗》里关于数的"写算"乘法（见《中国算术故事》中"策算的过去和未来"）变通而得。现在把易、吴两氏书中算法的原文抄录下来，并举例题于后，读者可以把它和代数方法做一比较。

　　（一）加法　"以元加元，以太加太，各齐其等（就是层次）。同名（就是同号）相加，异名相减。相加者正仍为正，负仍为负。相减者以负减正则仍为正，以正减负则仍为负，若一为空位则无对，无对则正者正之，负者负之。”

本数	加数	和数	用代数式表示，就是
0	14400	14400	
4800	−720	4080	
−240	9	−231	
3		3	

$3x^3-240x^2+4800x$

$9x^2-720x+14400$ （+

$3x^3-231x^2+4080x+14400$

（二）减法　“亦齐其等，同名相减，异名相加。相减者本数（即被减数）大，（指绝对值大）则正仍为正，负仍为负；减数大，则正变为负，负变为正，相加者本数正，则仍为正，本数负，则仍为负。若无对，则一为空位，只有本数，则正仍为正，负仍为负；只有减数，则正变为负，负变为正。”

【例】

本数	减数	差数	用代数式表示，就是
−265	−317	52	
−29	14	−43	
0	6	−6	
1	1		

$x^3\qquad -29x-265$

$x^3+6x^2+14x-317$ （−

$-6x^2-43x+\ 52$

（三）乘法　普通乘法：“亦齐其等，左右两行对列互乘，以右行下方一层起，自下而上遍乘左行为乘第一次；又于右行转上一层，亦遍乘左行为乘第二次，第二次所得较第一次所得递进一层。如是累乘，有若干层，则乘若干次。同名相乘得正，异名相乘得负。乘讫，同名相加，异名相减，以太乘太，所得为太，以太乘元，所得为元。”

【例】

左行	右行	第一次	第二次	第三次	积数	用代数式表示，就是
				6	6	x^2-6x-3
			-18	12	-6	x^2+6x-2　(×
-3	-2	-3	-36	-2	-41	$x^2-6x^3-3x^2$
-6	6	-6	6		0	$6x-36x^2-18x$
1	1	1			1	$-2x^2+12x+6$
						$x^4\qquad -41x^2-6x+6$

铺地锦乘法:"列法、实二式,一纵一横,相乘得式,列于横直相当之格,记其正负。乘毕,联以虚斜线,同一斜线上者,同加异减,所得之式列于下方。"

【例】　同前,算式如图50。

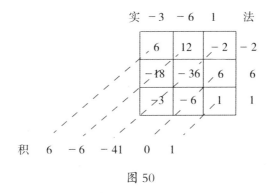

图 50

(四)除法　"以天元为法者,除元得太,除太得太上一层(就是 $\frac{1}{x}$ 的项,也就是x的-1次幂的项)。同名相除,所得为正;异名相除,所得为负。余皆不受除,则不除此而转以乘彼,于是以法为母而各寄其分。"

〔例一〕 以 $\begin{vmatrix} 0 \\ 1 \end{vmatrix}$ 除 $\begin{vmatrix} 0 \\ 13 \\ 4 \\ 2 \end{vmatrix}$ 得商 $\begin{vmatrix} 13 \\ 4 \\ 2 \end{vmatrix}$ ，实际就是以 x 除

$2x^3 + 4x^2 + 13x$ ，得商 $2x^2 + 4x + 13$ 。因为开方式的值是0，所以太极是0时，可以仿照这个方法把各位递升一层，以便开方。如果升一层后太极仍是0，可再递升，到太极有数而后止。这就是以 x 除等于0的代数式，结果仍是0的道理。例如有方程 $3x^3 + 2x^2 + 5x = 0$ ，可化成 $3x^2 + 2x + 5 = 0$ ，如果用天元式表示，那就是递升一层。

〔例二〕 以3除 $\begin{vmatrix} -2 \\ 1 \end{vmatrix}$ ，得式和 $\begin{vmatrix} 4 \\ -2 \\ 1 \end{vmatrix}$ 相加是某数，问某数用何式表示？

因以3除 $\begin{vmatrix} -2 \\ 1 \end{vmatrix}$ 不尽，于是就不除，反以3乘 $\begin{vmatrix} 4 \\ -2 \\ 1 \end{vmatrix}$ ，得 $\begin{vmatrix} 12 \\ -6 \\ 3 \end{vmatrix}$ ，

和 $\begin{vmatrix} -2 \\ 1 \end{vmatrix}$ 相加，得 $\begin{vmatrix} 10 \\ -5 \\ 3 \end{vmatrix}$ ，是以3做分母的某数。如果用代数式表示，就是

$$\frac{x-2}{3} + x^2 - 2x + 4 = \frac{x-2}{3} + \frac{3x^2 - 6x + 12}{3} = \frac{3x^2 - 5x + 10}{3}.$$

四

现在可以开始举几个天元术的例子了。

我们看了下举的例子，知道用代数解一元方程的应用题，必须先列较繁的方程，再逐步化简，使成如下的标准式：

$$ax^n + bx^{n-1} + cx^{n-2} + \cdots\cdots + px + q = 0.$$

天元术是把天元和太极依题中的关系计算，得到一个表示某数的天元式，再根据题中的另一关系，列出表示同数的另一个天元式，两式相减，可直接得前举标准式的一个方程。两者间的区别，不过就是这一点。

这里从宋、元的数学书中选取八个问题，把原书或清代数学书所补的内容抄录下来，另用代数式和它并列在一起。读者把它们对照着看，一定会觉得天元术的列式简洁，步骤分明，具有显著的民族特色。

【题一】　今有钱三贯四百一十九文, 买罗一端(即一匹), 只云端长内加八尺之价, 共得五百七十八。问端长、尺价各几何?(题见《四元玉鉴》端匹互隐门, 清罗士琳细草)

立天元一 $\begin{vmatrix} 0 \\ 1 \end{vmatrix}$ 为尺价, 以8尺乘之, 得 $\begin{vmatrix} 0 \\ 0 \\ 8 \end{vmatrix}$ 为8尺之价, 以减共得578, 得 $\begin{vmatrix} 578 \\ -8 \end{vmatrix}$ 为端长(尺数), 用乘天元, 得 $\begin{vmatrix} 0 \\ 578 \\ -8 \end{vmatrix}$ 为一端之价, 与3419文相消, 得 $\begin{vmatrix} -3419 \\ 578 \\ -8 \end{vmatrix}$, 开平方, 得65文, 不尽 $\begin{vmatrix} 351 \\ -462 \\ -8 \end{vmatrix}$, 以隔8为母, 乘实为实, 方不动, 隔定为1, 得 $\begin{vmatrix} 2808 \\ -462 \\ -1 \end{vmatrix}$, 开平方, 得6为子, 子母各半之, 得4分文之3为尺价, 通分内子得263, 又倍之, 得526, 以减共得, 余52尺为端长。

设罗每尺的价是 x 文, 那么8尺的价是 $8x$ 文, 罗一匹所有的尺数是 $578-8x$, 所以罗一匹的总价是 $x(578-8x) = -8x^2+578x$ (文)。但总价又是3419文, 所以相消而得方程

$$-8x^2+578x-3149=0$$

解上式得 $x_1=65$ 文, 又得变式

$$-8x_2^2-462x_2+351=0$$

以8乘, 得

$$-(8x_2)^2-462(8x_2)+2808=0$$

解得 $8x_2=6$

$$x_2=\frac{6}{8}=\frac{3}{4}$$

所以罗每尺价 $x=65\frac{3}{4}$ 文。

罗一匹的长是

$$578-65\frac{3}{4}\times8=578-526=52(尺)$$

(上举正负开方所用的是朱世杰的之分法)。

【题二】　今有方圆箭各一束，共积九十七支。只云方箭外周不及圆箭外周四支。问方圆周各几何？（题见《四元玉鉴》箭积交参斗，细草同前）

立天元一 $\begin{vmatrix}0\\1\end{vmatrix}$ 为圆箭外周，加圆率6，得 $\begin{vmatrix}6\\1\end{vmatrix}$，乘天元，得 $\begin{vmatrix}0\\6\\1\end{vmatrix}$，合如倍圆率12而一，今不除，转以4通之，得 $\begin{vmatrix}0\\24\\4\end{vmatrix}$，加圆心48，得 $\begin{vmatrix}48\\24\\4\end{vmatrix}$，为48段圆积，副以不及4支减天元，得 $\begin{vmatrix}-4\\1\end{vmatrix}$ 为方箭外周，加方率8得 $\begin{vmatrix}4\\1\end{vmatrix}$，乘方周得 $\begin{vmatrix}16\\0\\1\end{vmatrix}$，合如倍加率16而一，今不除，转以3通之，得 $\begin{vmatrix}-48\\0\\3\end{vmatrix}$，加方心48，得 $\begin{vmatrix}0\\0\\3\end{vmatrix}$ 为48段方积。并二

设圆箭束外周是x支，那么由圆箭束求和法（见"级数的初步认识"），知道

$$总数 = \frac{x}{6} \times \frac{x+6}{2} + 1$$

$$= \frac{x^2+6x+12}{12}.$$

$$= \frac{x(x+6)}{12} + 1$$

又方束外周是$x-4$支，由方箭束求和法，知道

$$总数 = \frac{x-4}{8} \times \frac{(x-4)+8}{2} + 1$$

$$= \frac{(x-4)(x+4)}{16} + 1$$

$$= \frac{x^2-16+16}{16} = \frac{x^2}{16}.$$

把两种箭束的总数通分，得圆箭束是 $\frac{4x^2+24x+48}{48}$，方箭束是 $\frac{3x^2}{48}$，合计是 $\frac{7x^2+24x+48}{48}$，所以$7x^2+24x+48$是两种箭束总数的48倍，和97×48=4656

积得 $\begin{vmatrix}48\\24\\7\end{vmatrix}$ 为48段共积，寄左，

乃以48通共积，得4656为同数，消左得 $\begin{vmatrix}-4608\\24\\7\end{vmatrix}$，开平方得

24支为圆周，减4支余20支为方周。

相等，于是相消而得方程

$$7x^2+24x-4068=0$$

解这个方程，得圆周$x=24$支

方周是$24-4=20$支

【题三】　今有三角撒星更落一形果子，积九百二十四个，问底子几何？（题见《四元玉鉴》果垛迭藏斗，细草同前）

立天元一 $\begin{vmatrix}0\\1\end{vmatrix}$ 为三角撒星更落一形底子，以天元加1，得 $\begin{vmatrix}1\\1\end{vmatrix}$ 乘之，得 $\begin{vmatrix}0\\0\\1\end{vmatrix}$，又以天元加2，得 $\begin{vmatrix}2\\1\end{vmatrix}$ 乘之，得 $\begin{vmatrix}0\\0\\2\\3\\1\end{vmatrix}$，又以天元加3，得 $\begin{vmatrix}3\\1\end{vmatrix}$ 乘之，得 $\begin{vmatrix}0\\0\\6\\11\\6\\1\end{vmatrix}$，

设三角撒星更落一形的底层每边是x个，那么由垛积求和公式（见"高阶等差级数的阐明"），知道它的总数是

$$\frac{1}{720}x(x+1)(x+2)(x+3)(x+4)(x+5)$$
$$=\frac{1}{720}(x^2+x)(x+2)(x+3)(x+4)(x+5)$$
$$=\frac{1}{720}(x^3+3x^2+2x)(x+3)(x+4)(x+5)$$
$$=\frac{1}{720}(x^4+6x^3+11x^2+6x)(x+4)(x+5)$$
$$=\frac{1}{720}(x^5+10x^4+35x^3+50x^2+24x)(x+5)$$
$$=\frac{1}{720}(x^6+15x^5+85x^4+225x^3+274x^2+120x).$$

又以天元加4，得 $\begin{vmatrix}4\\1\end{vmatrix}$ 乘之，得

$\begin{vmatrix}0\\24\\50\\35\\10\\1\end{vmatrix}$ ，又以天元加5，得 $\begin{vmatrix}5\\1\end{vmatrix}$ 乘

之，得 $\begin{vmatrix}0\\120\\274\\225\\35\\15\\1\end{vmatrix}$ ，合以720除之为

共积，今不除，便为带分共积
（内寄720为母），寄左。乃以
720通共积，得665280为同

数，消左得 $\begin{vmatrix}-665280\\120\\274\\225\\85\\15\\1\end{vmatrix}$ ，开五乘

方，得底子7个。

所以知道 $x^6+15x^5+85x^4$ $+225x^3+274x^2+120x$ 是总数的 720倍，但总数的720倍又是

$924×720=665280$

所以相消而得方程

$$x^6+15x^5+85x^4+225x^3+274x^2+120x-665280=0$$

解这个方程，得底层每边

$$x=7个$$

〔题四〕　今有河工处派一千八百六十四人筑堤，只云初日派六十四人，次日转多七人，每人日支米三升，共支米四百三石九斗二升，问筑堤几日？（题见《四元玉鉴》如象招数门，细草同前）

立天元一 $\begin{vmatrix}0\\1\end{vmatrix}$ 为荄草底

子,加1得 $\begin{vmatrix}1\\1\end{vmatrix}$,以初日64人乘

之,得 $\begin{vmatrix}64\\64\end{vmatrix}$ 于上,副置荄草底

子,以天元加1乘之,得 $\begin{vmatrix}0\\1\\1\end{vmatrix}$,

又以次日7人乘之,得 $\begin{vmatrix}0\\7\\7\end{vmatrix}$,如

2而一,得 $\begin{vmatrix}0\\3.5\\3.5\end{vmatrix}$,并上得 $\begin{vmatrix}64\\67.5\\3.5\end{vmatrix}$,

用消总人数,得 $\begin{vmatrix}1800\\67.5\\3.5\end{vmatrix}$,开

平方得15束,加1得16日。

米求日者,立天元一 $\begin{vmatrix}0\\1\end{vmatrix}$

为三角底子,加1得 $\begin{vmatrix}1\\1\end{vmatrix}$,以天

元加2乘之,得 $\begin{vmatrix}2\\3\\1\end{vmatrix}$,又以64人

设筑堤 $x+1$ 日,那么 x 较所求的日数少1。由招差术中筑堤派人的公式(见"插值法的历史发展")

$$S_n = na + \frac{1}{2}(n-1)nb,$$

已知 a=64,b=7,n=x+1,代入,得总数

$$S_n = 64(x+1) + \frac{1}{2} \times 7x(x+1)$$
$$= (64x+64) + \left(3.5x^2 + 3.5x\right)$$
$$= 3.5x^2 + 67.5x + 64$$

但已知 S_n=1864,所以相消而得方程

$$3.5x^2 + 67.5x + 64$$

解得　　x=15

所以日数是　　15+1=16。

证筑堤 $x+1$ 日,再根据招差术求总物数的公式

$$S_n = m\left[\frac{1}{2}n(n+1)a + \frac{1}{6}(n-1)n(n+1)b\right],$$

已知 m=3,其余同前,代入得

$$S_n = 3\left[\frac{1}{2}(x+1)(x+2) \times 64 + \frac{1}{6}x(x+1)(x+2) \times 7\right]$$
$$= 3\left[\frac{1}{2}\left(x^2+3x+2\right) \times 64 + \frac{1}{6}\left(x^2+x\right)(x+2) \times 7\right]$$

乘之，得 $\begin{vmatrix} 128 \\ 192 \\ 64 \end{vmatrix}$ ，三之得 $\begin{vmatrix} 384 \\ 576 \\ 192 \end{vmatrix}$

于上。副道三角底子，以天元

加1乘之，得 $\begin{vmatrix} 0 \\ 1 \\ 1 \end{vmatrix}$ ，又以天元加

2乘之，得 $\begin{vmatrix} 0 \\ 2 \\ 3 \\ 1 \end{vmatrix}$ ，又以7人乘之，

得 $\begin{vmatrix} 0 \\ 14 \\ 21 \\ 7 \end{vmatrix}$ ，并上得 $\begin{vmatrix} 384 \\ 590 \\ 213 \\ 7 \end{vmatrix}$ 为6倍共

人数，合以每人米3升乘之，
为6倍共支米数，今省一乘，
即以6倍人数为倍米数，寄
左。乃倍共支米得80784为同
数，消左得 $\begin{vmatrix} -80400 \\ 590 \\ 213 \\ 7 \end{vmatrix}$ ，开立方，

得15个，加1得16日。

$$= 3\left[\frac{1}{2}(64x^2 + 192x + 128) + \frac{1}{6}(x^3 + 3x^2 + 2x) \times 7 \right]$$

$$= 3\left[\frac{1}{6}(192x^2 + 576x + 384) + \frac{1}{6}(7x^3 + 21x^2 + 14x) \right]$$

$$= 3 \times -(7x^3 + 213x^2 + 59\ x + 384)$$

$$= \frac{1}{2}(7x^3 + 213x^2 + 590x + 384).$$

所以知道：

$$7x^3 + 213x^2 + 590x + 384$$

是支米总数的2倍，但支米总数
的2倍又是

$$40392 \times 2 = 80784。$$

所以相消而得方程

$$7x^3 + 213x^2 + 590x - 80400 = 0.$$

解得　　　　$x = 15$

所以日数是　15+1=16。

【题五】 假余有圆城一所,不知周径,四面开门。丙出南斗直行一百三十五步而立,甲出东门直行一十六步见之。问城径几何?(题和细草都见《测圆海镜》)

立天元一 $\begin{vmatrix} 0 \\ 1 \end{vmatrix}$ 为半城径,副置之,上位加南行步得

$\begin{vmatrix} 135 \\ 1 \end{vmatrix}$ 为股;下位加东行步得

$\begin{vmatrix} 16 \\ 1 \end{vmatrix}$ 为勾,勾股相乘得 $\begin{vmatrix} 2160 \\ 151 \\ 1 \end{vmatrix}$ 为直积一段,以天元除之,得

$\begin{vmatrix} 2160 \\ 151\ 太 \\ 1 \end{vmatrix}$ 为弦,以自之,得

$\begin{vmatrix} 4665600 \\ 652320 \\ 27121\ 太 \\ 302 \\ 1 \end{vmatrix}$ 为弦幂,寄左。乃

以勾自之,得 $\begin{vmatrix} 256 \\ 32 \\ 1 \end{vmatrix}$,又以股自

设如图51,圆城半径 CD、CE、CF各是x步,因为

$BF=16$步,

$AE=135$步,

所以勾$BC=x+16$步,

股$AC=x+135$步,

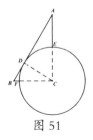

图 51

又因

$$AB \times CD = 2\triangle ABC$$
$$= BC \times AC$$

所以 弦$AB = \dfrac{BC \times AC}{CD}$

$$= \dfrac{(x+16)(x+135)}{x}$$

$$= \dfrac{x^2 + 151x + 2160}{x}$$

之，得 $\begin{vmatrix} 18225 \\ 270 \\ 1 \end{vmatrix}$ ，二位相并，得

$\begin{vmatrix} 18481 \\ 302 \\ 2 \end{vmatrix}$ 为同数，和左相消，得

$\begin{vmatrix} 4665600 \\ 652320 \\ 8640太 \\ 0 \\ -1 \end{vmatrix}$ ，递降二位，得

$\begin{vmatrix} 4665600 \\ 652320 \\ 8640 \\ 0 \\ -1 \end{vmatrix}$ ，开三乘方，得120

步为半径，倍之，得城径为240步。

$$= x + 151 + 2160\frac{1}{x}.$$

弦自乘，得

$$\left(x + 151 + 2160\frac{1}{x}\right)^2$$
$$= x^2 + 302x + 27121$$
$$+ 652320\frac{1}{x} + 4665600\frac{1}{x^2}.$$

勾自乘，得

$$(x+16)^2 = x^2 + 32x + 256$$

股自乘，得

$$(x+135)^2 = x^2 + 270x + 18225$$

并勾、股的两个平方数，得

$$2x^2 + 302x = 18481$$

这式等于弦的平方，所以相消得方程

$$-x^2 + 8640 + 652320\frac{1}{x} + 4665600\frac{1}{x^2} = 0.$$

以 x^2 乘各项，得

$$-x^4 + 8640x^2 +$$
$$652320x + 4665600 = 18481$$

解得半径 $x=120$ 步，

所以城的直径是120步×2=240步。

【题六】 今有圆田一段，内有直（长方）池，水占之外，计地六千步（方步）。只云从内池四角斜至田楞各一十七步半，其池阔不及长三十五步。问三事各几何？（设$x=3$）（题和细草都见《益古演段》）

立天元一 $\begin{vmatrix} 0 \\ 1 \end{vmatrix}$ 为外径，内减倍至步35步，得 $\begin{vmatrix} -35 \\ 1 \end{vmatrix}$ 为池斜，以自之，得 $\begin{vmatrix} 1225 \\ -70 \\ 1 \end{vmatrix}$ 为二积一较幂于头；又列阔不及长35步，以自之，得1225，减头位，余得 $\begin{vmatrix} 0 \\ -70 \\ 1 \end{vmatrix}$，为二池积，又倍之，得 $\begin{vmatrix} 0 \\ -140 \\ 2 \end{vmatrix}$ 为四池积，寄左，又立天元圆径，以自之，又三之，便为四段圆积，内减4之见积24000步，得 $\begin{vmatrix} -24000 \\ 0 \\ 3 \end{vmatrix}$ 也为四池积。和左

设如图52，圆田直径EF是x步，

因为$EA=CF=17.5$步，

所以$AC=x-17.5\times 2$步$=x-35$

又设△GHM、HKN、KLP、LGQ

各等于△ABC，那么$MNPQ$是以AB、BC的差做边的正方形，所以

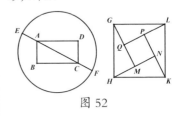

图 52

$S\square GK=2\square SAC+(BC-AB)^2$

就是$(x-35)^2=2\square AC+35^2$

$\therefore 2\square AC=(x-35)^2-35^2$

$=x^2-70x$

相消，得 $\begin{vmatrix} -24000 \\ 140 \\ 1 \end{vmatrix}$ ，平方开得

100步，为外田圆径，圆径自之，又三之，四而一，内减见积，余1500为内池积。又用差步35为从，开方得池阔25步，加阔不及长，得池长60步。

加倍得 $2x^2-140x$ 是长方池积的4倍，又因圆积=$\frac{\pi}{4}$×直径^2，所以圆田积是$\frac{\pi}{4}x^2$，圆田积的4倍是πx^2，除水积外，地积的4倍是6000方步×4=24000方步。

所以πx^2=24000也是长方池积的4倍，相消而得方程

$$x^2+140x=24000$$

解得圆田径x=100步，圆田积

$\frac{\pi}{4}×(100步)^2=7500$ 方步，长方池积7500方步−6000方步=1500方步。

又设池阔是y步，那么池长是y+35步，池积又是y（y+35）方步=y^2+35y方步，和1500相减得方程

$$y^2+35y-1500=0$$

解得池阔y=25步，池长25步+35步=60步。

【题七】　今有直积（即长方田）一千二十四步（方步），只云平（即阔）除长、长除平，二数相并得四步（这是原文，实际同名数相除，所得的是不名数，不应该有单位）二分半。问长、平各几何？（题和细草都见《算学启蒙》）

设长方田的长是 x 步，阔是 y 步，那么以阔除长是 $\dfrac{x}{y}$（就是小长），以长除阔是 $\dfrac{y}{x}$（就是小平）。把 $\dfrac{y}{x}$ 看作一个未知数，那么 $\dfrac{x}{y} = 4.25 - \dfrac{y}{x}$。又

$$\dfrac{y}{x}\left(4.25 - \dfrac{y}{x}\right) = -\left(\dfrac{y}{x}\right)^2 + 4.25\left(\dfrac{y}{x}\right)$$（就是小积）

立天元一 $\left|\begin{matrix}0\\1\end{matrix}\right|$ 为小平，减云数，余为小长，以小平乘之为小积 $\left|\begin{matrix}0\\4.25\\-1\end{matrix}\right|$，和小积一筹相消，得开方式 $\left|\begin{matrix}-1\\4.25\\-1\end{matrix}\right|$，平方开之，得小平2分5厘。

但 $\dfrac{y}{x} \times \dfrac{x}{y} = 1$（就是一筹），所以相消而得方程

$$-\left(\dfrac{y}{x}\right)^2 + 4.25\left(\dfrac{y}{x}\right) - 1 = 0.$$

解得 $\dfrac{y}{x} = 0.25$，

以 x 乘，得　　$y = 0.25x$

再立天元一 $\left|\begin{matrix}0\\1\end{matrix}\right|$ 为大长，以乘小平为大平，以大长乘之，为大积式 $\left|\begin{matrix}0\\0\\0.25\end{matrix}\right|$，和原积相消得开方式 $\left|\begin{matrix}-1024\\0\\0.25\end{matrix}\right|$，平方

再以 x 乘，得 $xy = 0.25x^2$

但　　　　　　$xy = 1024$

所以相消得 $0.25x^2 - 1024 = 0$

解得长 $x = 64$ 步。

阔 y 步 $= 0.25 \times 64$ 步 $= 16$ 步

开之，得大长64步，以小平乘

之，得大平16步。

【题八】　亭仓（即正方台）上小下大，上下方差六尺，高多上方九尺，容粟一百八十七石二斗。问仓上下方和高各几何？（古法粟1石的体积以2.5立方尺计）（题见《缉古算术》，但原书没有提到天元，下举的细草是清张敦仁所拟）

立天元一 $\begin{vmatrix}0\\1\end{vmatrix}$ 为上方，加方差6，得 $\begin{vmatrix}6\\1\end{vmatrix}$ 为下方，各自乘得 $\begin{vmatrix}0\\0\\1\end{vmatrix}$ 为上方积，$\begin{vmatrix}36\\12\end{vmatrix}$ 为下方积，又以上、下方相乘，得 $\begin{vmatrix}0\\6\\1\end{vmatrix}$ 为中方积，三积相并得 $\begin{vmatrix}36\\18\\3\end{vmatrix}$，以天元加9得高 $\begin{vmatrix}9\\1\end{vmatrix}$ 乘之，得

设正方台顶上的正方形每边是x尺，那么底下的正方形每边是$x+6$尺，高是$x+9$尺。由正方台求积公式（见《中国算术故事》"实用算术的发达"）知上方边是a，下方边是b，高是h时的体积 $V=\dfrac{h}{3}(a^2+ab+b^2)$，代入得

$$\frac{x+9}{3}\left[x^2+x(x+6)+(x+6)^2\right]$$

$$=\frac{x+9}{3}\left[x^2+\left(x^2+6x\right)+\left(x^2+12x+36\right)\right]$$

$$=\frac{x+9}{3}\left(3x^2+18x+36\right)$$

$$=\frac{1}{3}\left(3x^3+45x^2+198x+324\right)$$

$$=x^3+15x^2+66x+108.$$

和已知的体积

$$2.5\times187.2=468$$

$\begin{vmatrix}324\\198\\45\\3\end{vmatrix}$，以3除之，适尽，得

$\begin{vmatrix}108\\66\\15\\1\end{vmatrix}$为亭仓积，寄左。乃以容

粟187.2石得积468尺为如

积，消左得$\begin{vmatrix}-360\\66\\15\\1\end{vmatrix}$，开立方，

得3尺为上方，加6得9尺为下方，加9得12尺为高。

相消，得方程

$$x^3+15x^2+66x-360=0$$

解得上方边　　　$x=3$尺

下方边　　　3尺+6尺=9尺

高　　　3尺+9尺=12尺。

从天元到地元人元物元

　　宋、元间盛行的天元术能解一元一次或一元高次方程,《九章算术》的方程能解多元一次方程组,前面已先后详细叙述。本篇继续介绍中国古代解多元高次方程组的方法。

　　根据《四元玉鉴》后序中的话,知道平阳李德载撰《两仪群英集臻》,除立天元外,又增立"地元",这就是解二元高次方程组的方法,可惜李德载的书早已失传,内容无从查考了。

　　《四元玉鉴》后序中又说到邢颂不的门徒刘大鉴曾著《乾坤括囊》一书,末后有两个问题,在天、地两元外再立"人元",于是三元高次方程组也可以解了。但是这本书也早已散失,内容不得而知。

　　在朱世杰的《四元玉鉴》中,除李氏的地元、刘氏的人元外,又增立"物元",于是推广而成四元,变得更加完备了。

《四元玉鉴》全书共有二十四门，列二百八十八个问题，大部分是天元术的题目，前面已经讲过。除此以外，在"假令四草""或问歌彖""两仪合辙""左右逢元""三才通变""四象朝元"的六门中计有二元问题三十六个，三元问题十三个，四元问题七个。书中的术文都很简略，二元的只说"天地配合求之"，三元的只说"三才相配求之"，四元的只说"四象和会求之"。卷首"假令四草"一门，列二元至四元各一题，虽有细草，也说得不详细，很难了解。

朱氏的书失传以后，历元、明两代连天元术都没有人知道，当然更谈不到四元术了。后来清阮元访获得了这本书，罗士琳补演了细草，四元术就重新和世人相见。接着易之瀚撰《四元释例》，李善兰撰《四元解》，吴嘉善撰《四元名式释例》《四元草》《四元浅释》，华蘅芳在《学算笔谈》里详论四元，研究数学的人得到了这几本书的帮助，于是读朱氏原书和罗氏细草，可以毫无迷惑，彻底了解了。

二

在四元术里又有许多专用的术语，而且列式和计算的方法也比天元术繁复得多，这里应该先叙述一下。

天元术里的未知数只有天元一种，能够列成两个表示同数的天元式，如积相消，就得开方式，所以非常简便。四元术有天元、地元、人元、物元四种未知数，必须先经过四次如积相治，列成四个式子，由"今有"数求得的叫"今式"，由"只云"数求得的叫"云式"，由勾股定理求得的叫"三元式"，由所求数求得的叫"物元式"。天元术经过如积相消后，就可开方而得所求的数，但四元术还须用"齐同相消法"累次相消到仅含两元两行的二式，叫"左式""右式"，再用"内外相消法"得开方式。至于在计算的中途，又常用"次式""再式""前式""后式"等名称，这些实在和代数里用（1）（2）（3）……来表示各式一样。

四元问题列式的时候，把太极放在中央，四元放在四方, 规定天元在下, 地元在左, 人元在右, 物元在上。各元的乘方常依次数向外逐项排列。如果遇到天、地相乘, 就把所得的积放在左下, 天、人相乘放在右下, 地、物相乘放在左上, 人、物相乘放在右上。如果遇到天、物相乘的积, 或地、人相乘的积, 那就没有适当位置可放, 只能把前者放在太极左下角的夹缝里, 后者放在太极右上角的夹缝里。如果遇到三个元的连乘积, 可酌量放在别处的夹缝里[1]。现在依次用 x、y、z、w 代天、地、人、物四元, 列一范式如图53, 由此可以认明各数的位置。

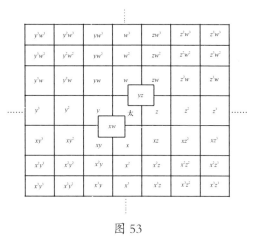

图 53

因为天、物二次以上乘方的积很少遇到, 所以在上式中没有列出, 地、人也是这样。

1. 朱世杰的"假令四草"和罗士琳的"补草"里, 都放在太极的左下角夹缝里, 但和天、物相乘的积混淆, 所以清代有些数学书把它放在天元的左下角或右下角的夹缝里。

二元问题仅有天、地二元，它的列式方法和四元不同，范式如图54。

$\dfrac{y^3}{x^3}$	$\dfrac{y^2}{x^3}$	$\dfrac{y}{x^3}$	$\dfrac{1}{x^3}$			
$\dfrac{y^3}{x^2}$	$\dfrac{y^2}{x^2}$	$\dfrac{y}{x^2}$	$\dfrac{1}{x^2}$			
$\dfrac{y^3}{x}$	$\dfrac{y^2}{x}$	$\dfrac{y}{x}$	$\dfrac{1}{x}$			
y^3	y^2	y	太	$\dfrac{1}{y}$	$\dfrac{1}{y^2}$	$\dfrac{1}{y^3}$
xy^3	xy^2	xy	x	$\dfrac{x}{y}$	$\dfrac{x}{y^2}$	$\dfrac{x}{y^3}$
x^2y^3	x^2y^2	x^2y	x^2	$\dfrac{x^2}{y}$	$\dfrac{x^2}{y^2}$	$\dfrac{x^2}{y^3}$
x^3y^3	x^3y^2	x^3y	x^3	$\dfrac{x^3}{y}$	$\dfrac{x^3}{y^2}$	$\dfrac{x^3}{y^3}$

图 54

古法在太极的旁边注一太字，用来识别各数。现在为便利起见，依照清代华蘅芳《学算笔谈》里的变通办法，把太极的数改放在括号里面，举例如下：

〔例一〕　把代数式 $3x^2-8xy+4y^2+6xz-8yz+3z^2$

改成四元式如下：

		-8		
4	0	(0)	0	3
	-8	0	6	
		3		

〔例二〕　把代数式 $x^2+2x-2y-\dfrac{2y}{x}+\dfrac{y^2}{x^2}+1$

改成二元式如下：

1	0	0
	− 2	0
	− 2	（1）
		2
		1

　　四元术里的加、减、除三种基本算法，和天元术完全一样，比如加、减，也要把太极的位相齐，非相当地位的数就不是同类项，不能够加、减。又除法大多"不受除"（就是不能整除），只有二元式可以用元除，叫作"升降进退法"，见下节的例题中。关于两个四元式的乘法，如果是一行的式子乘多行的式子，可照天元术把这个一行式分别乘多行式中的各行，并所得的各积，就得所求的积，如果相乘的二式都不止一行，那么可仿前法，先用第一式中的各行分别乘第二式，再把所得的各积相并，就得所求的式子。这是天元乘法的推广，这里不再举例子。另外，在四元术里还有"齐同相消""内外相消"和"剔分相消"等基本算法，在下节所举的例题里都可以看到。

三

　　由四元术的各种基本计算, 可以解二元到四元的问题。因为二元和三元的问题是四元问题的简单特例, 所以我们在下面只举了一个四元问题的例子, 其他的就不举例了。《四元玉鉴》卷一"假令四草"门的"四象会元"问题如下:

　　今有股(b)乘五较(即勾股较$b-a$, 勾弦较$c-a$, 股弦较$c-b$, 弦和较$a+b-e$, 弦较较$c-b+a$)和弦幂(c^2)加勾乘弦(ac)等。只云勾(a)除五和(即勾股和$b-c$, 勾弦和$c+a$, 股弦和$c-b$, 弦和和$a+b+c$, 弦较和$c+b-a$)和股幂(b^2)减勾弦较($c-a$)同。问黄方($a+b-c$)带勾(a)、股(b)、弦(c)共几何?

　　下面举出这个例题的解法, 把原书中罗士琳的补草(为了简明起见, 把原来的筹式改成数码)和代数式对立, 读者把它们相互比较, 自然容易明白。

立天元一 为勾，地元一 为股，人元一 为弦，物元一 为问数，天元自之，得 为勾幂，地元自之，得 为股幂，人元自之得 为弦幂，以天元减地元得 为勾股较，以天元加地元得 为勾股和，以天元减人元得 为勾弦较，以天元加人元得 为勾弦和，以地元减人元得 为股弦较，以地元加人元得 为股弦和，以人元减勾股和，得

设勾　$a=x$……………(1)

股　$b=y$……………(2)

弦　$c=z$……………(3)

所求数$(a+b+c)+(a+b-c)$

$=w$………(4)

$(1)^2$　$a^2=x^2$…………(5)

$(2)^2$　$b^2=y^2$…………(6)

$(3)^2$　$c^2=z^2$…………(7)

$(2)-(1)$　$b-a=y-x$…(8)

$(2)+(1)$　$b+a=y+x$…(9)

$(3)-(1)$　$c-a=z-x$…(10)

$(3)+(1)$　$c+a=z+x$…(11)

$(3)-(2)$　$c-b=z-y$…(12)

$(3)+(2)$　$c+b=z+y$…(13)

$(9)-(3)$

$a+b-c=x+y-z$…(14)

$(9)+(3)$

$a+b+c=x+y+z$…(15)

$(3)-(8)$

$c-b+a=z-y+x$…(16)

$(3)+(8)$

$c+b-a=z+y-x$…(17)

$(8)+(10)+(12)+(14)+(16)$

为弦和较，以人元

加勾股和得 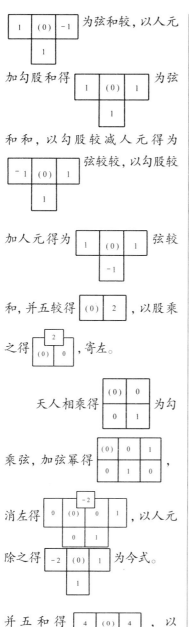 为弦

和和，以勾股较减人元得为

弦较较，以勾股较

加人元得为 弦较

和，并五较得 ，以股乘

之得 ，寄左。

天人相乘得 为勾

乘弦，加弦幂得 ，

消左得 ，以人元

除之得 为今式。

并五和得 ，以

$$(b-a)+(c-a)+(c-b)$$
$$+(a+b-c)+(c-b+a)$$
$$=2z\cdots(18)$$

$(18)\times(2)$

$$b\left[(b-a)+(c-a)+(c-b)+(a+b-c)+(c-b+a)\right]$$
$$=2yz\cdots(19)$$

$(1)\times(3)\qquad ac=xz\cdots(20)$

$(20)+(7)$

$$ac+c^2=xz+z^2\cdots(21)$$

根据题意，(19)(21)的左边相等，所以

$$2yz=xz+z^2$$

就是 $\qquad xz-2yz+z^2=0$

以z除，得方程

$$x-2y+z=0\cdots\cdots\cdots(A)$$

$(9)+(11)+(13)+(15)+(17)$

$$(b+a)+(c+a)+(c+b)$$
$$+(a+b+c)+(a+b-c)$$
$$=2x+4y+4z\cdots\cdots(22)$$

$$\frac{(22)}{(1)}\frac{1}{a}[(b+a)+(c+a)+(c+b)$$
$$+(a+b+c)+(c+b-a)]$$

勾除之得

4	0	4
	(2)	

，

寄左。以勾弦较减股幂得

1	0	(0)	-1
	1		

，消左得

	4	0	4
-1	0	(2)	1
	-1		

，降一位得

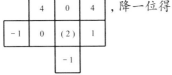

	4	(2)	4
-1	0	2	1
	-1		

为云式。

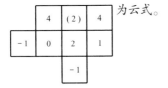

并勾，股二幂得

1	0	(0)
	0	
	1	

，消弦幂得

1	0	(0)	0	-1
	0			
	1			

为三元
式。

弦和较

1	(0)	-1
	1	

即黄方，加勾、股、弦得

$$=2+4\frac{y}{x}+4\frac{z}{x}\cdots\cdots(23)$$

$(6)-(10)$

$$b^2-(c-a)=y^2-z-x\cdots(24)$$

根据题意，(23)(24)的左边相
等，所以

$$2+4\frac{y}{x}+4\frac{z}{x}=y^2-z+x,$$

就是 $-y^2+z-x+2+4\frac{y}{x}+4\frac{z}{x}=0,$

以x乘(就是降一位)，得方程

$$-xy^2+xz-x^2+2x+4y+4z$$
$$=0\cdots\cdots(B)$$

$(5)+(6)-(7)$

$$a^2+b^2-c^2=x^2+y^2-z^2$$

因为 $a^2+b^2-c^2=0$

所以得方程

$$x^2+y^2-z^2=0\cdots\cdots(C)$$

$(15)+(14)$

$$(a+b+c)+(a+b-c)$$
$$=2x+2y\cdots\cdots(25)$$

$(25)-(4)$，得方程

$$2x+2y-w=0\cdots(D)$$

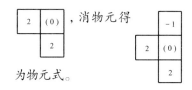

，消物元得

为物元式。

到这里，我们已经列成了 $(A)(B)(C)(D)$ 四个四元方程，以下便是利用齐同相消的方法得出两个二元方程（除物元外的一个元最高是一次的），再利用内、外相消的方法得出一个一元（物元）方程的计算。续解如下：

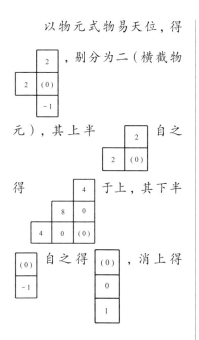

以物元式物易天位，得

，别分为二（横截物元），其上半

自之得

于上，其下半

自之得

，消上得

（为了要列出 w 的一元方程，用正负开方术来解，必须把 (D) 式中的 w 预先和 x 的位置交换）

(D) 式移项（就是别分，但是必须注意，一定要自乘才可以别分，因为移项要变号，一式变号后的平方，仍等于原式的平方），得

$$2x+2y=w$$

两边各自乘，得

$$4x^2+8xy+4y^2=w^2$$

为次式，副以云

		-4
	-8	0
-4	0	(0)
		0
		1

式右行（进一位得）

(4)
1

乘

今式，得

-8	(0)	4
-2	4	1
		1

，

消云式得

0	-12	(0)
1	-2	2
		2

，

物易天位得

		2
1	-2	2
0	-12	(0)

，

倍之得

		4
2	-4	4
0	-24	(0)

，消次式

得

2	-12	4
-4	-24	(0)
		0
		1

，又倍易位之

再移项（就是"消上"），得（次式）

$$w^2-4x^2-8xy-4y^2=0\cdots(26)$$

（B）式移项，得

$$xz+4z=xy^2+x^2-2x-4y$$

以z除（即进一位），得

$$x+4=\frac{1}{z}(xy^2+x^2-2x-4y)\cdots(27)$$

（A）×（27）$x^2-2xy+xz+4x$

$$-8y+4z=0\cdots\cdots(28)$$

（28）×（B）$2x^2-2xy+2x$

$$-24y+2xy^2=0\cdots\cdots(29)$$

（也把它的x和w的位置交换）

（29）×（2）

$$4x^2-4xy+4x$$

$$-24y+2xy^2=0\cdots\cdots(30)$$

（30）+（26）

$$w^2-12xy+4x-24y$$

$$-4y^2+2xy^2=0\cdots(31)$$

（D）×（2）

$$4x+4y-2w\cdots\cdots(32)$$

（32）-（31）

$$-w^2-2w+28y+4y2$$

$$+12xy-2xy^2\cdots\cdots(33)$$

物元式得 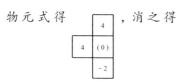 ，消之得

$（D×y^2）$（就是进二位）

$$2xy^2+2y^3-y^2w=0\cdots（34）$$

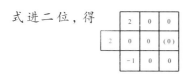 ，又以易位之物元

$（33）+（34）$

$$-w^2-2w+28y+4y^2+2y^2+12xy-$$

$$y^2w=0\cdots\cdots\cdots\cdots\cdots（35）$$

式进二位，得

$（D）×6$（就是以6乘，再进一位）

	2	0	0
2	0	0	(0)
	-1	0	0

$$12xy+12y2-6yw=0\cdots（36）$$

$（35）-（36）$（得前式）

，相消得

0	0	12	0
2	4	28	(0)
	-1	0	-2
			-1

，又

$$-w^2-2w+28y-8y^2+2y^3+6yw-$$

$$y^2w=0\cdots\cdots\cdots\cdots\cdots（37）$$

$$+2y^3+6yw-y^2w=0.\qquad\cdots$$

$（37）$

以6乘易位之物元式，更进一位得 ，消之得

$（A）$式移项（就是剔分），得

$$z=-x+2y$$

两边各自乘，得

$$z^2=x^2-4xy+4y^2$$

2	-8	28	(0)
	-1	6	-2
			-1

为前式。

再移项（就是"消上"），得

$$x^2-4xy+4y^2-z^2=0\cdots（38）$$

$（C）-（38）$

$$4xy-3y^2=0$$

今式剔分为二（直截人元），其右半 自之得

以y除（就是退一位），得

$$4x-3y=0\cdots\cdots\cdots\cdots（39）$$

(0)	0	1

于上，其左半

自之得

-2	(0)
	1

4	0	(0)
	-4	0
		1

消上得

4	0	(0)	0	-1
	-4	0		
		1		

，消

三元式得

-3	0	(0)
	4	0

，退一位

得

-3	(0)
	4

，物易天位得

	4
-3	(0)

，倍易位得之物元

式，消之得

-7	(0)
	2

为后式，

便为左式（因只余二元二行）。

消前式得

2	-8	21	(0)
	-1	6	0
			-1

，

倍之得

4	-16	42	(0)
	-2	12	0
			-2

，后

（把x移到w的位置）

（39）-（32）（得后式，就是左式）

$$2w-7y=0\cdots\cdots\cdots\cdots（E）$$

（E）+（37）

$$-w^2+21y-8y^2+2y^3+6yw$$

$$-y^2w=0\cdots\cdots（40）$$

（40）×2

$$-2w^2+42y-16y^2+4y^3+12yw$$

$$-2y^2w=0\cdots\cdots（41）$$

（E）+w（就是降一位）

$$2w^2-7yw=0\cdots\cdots\cdots（42）$$

（41）+（42）

$$42y-16y^2+4y^3+5yw-2y^2w=0$$

以y除（就是退一位），再以w乘（就是降一位），得（再式）

$$42w-16yw+4y^3w+5w^2$$

$$-2yw^2=0\cdots\cdots（43）$$

（43）

（E）×（-5w-42）

$$-84w+35yw-10w^2$$

$$+294y=0\cdots（44）$$

（43）×2

式降一位得

0	(0)
-7	0
	2

，消之得

4	-16	42	(0)
	-2	5	0

，退一位，降

一位，得

0	0	(0)
4	-16	42
	-2	5

为再式，

以

-42
-5

乘后式，得

294	(0)
35	-84
	-10

以 (2) 乘再式得

0	0	(0)
8	-32	84
	-4	10

相消得

0	294	(0)
8	3	0
	-4	0

，退一位得

为右式。左右对列，内

0	(294)
8	3
	-4

$$84 \times 32yw + 8y^2w$$
$$+10w^2 - 4yw^2 = 0\cdots\cdots(45)$$

$(44) + (45)$

$$3yw + 8y^2w - 4yw^2 + 294y = 0$$

以 y 除（就是退一位），得

$$3w + 8yw - 4w^2 + 294 = 0\cdots(F)$$

$(E)(F)$ 分别移项，得

$$2w = 7y$$

$$8yw = -3w + 4w^2 - 294$$

两边各相乘，并以 y 除[1]，得

$$16w^2 = -21w + 28w^2 - 2058$$

再移项，归并，得

$$12w^2 - 21y - 2058 = 0$$

简约得　$4w^2 - 7w - 686 = 0$

解这个方程，得正根　$w = 14$。

1.注意 $(B)(F)$ 两式分别移项后，右边虽都变号，但积仍不变，又以 y 除，原书中虽然没有明白说出来，但隐含有这个意思。

二行相乘得

(0)
0
16

，外二行相

乘得

(- 2058)
- 21
28

，内外相消

得

-2058
-21
12

，以3约之，

得

-686
-7
4

，开平方，得14

步，合问。